去野外

探索大自然之旅

[葡] 伊内斯 · 特谢拉 · 多罗萨里奥
[葡] 玛利亚 · 安娜 · 佩谢 · 迪亚斯 著

[葡] 贝尔纳多 · P. 卡瓦略 绘

张晓非 译

著作权合同登记号　桂图登字：20-2015-167号

图书在版编目（CIP）数据

去野外／（葡）伊内斯·特谢拉·多罗萨里奥，（葡）玛利亚·安娜·佩谢·迪亚斯著；（葡）贝尔纳多·P.卡瓦略绘；张晓非译. —南宁：广西科学技术出版社，2016.5（2019.1重印）
ISBN 978-7-5551-0622-7

Ⅰ.①去… Ⅱ.①伊… ②玛… ③贝… ④张… Ⅲ.①自然科学—少儿读物 Ⅳ.①N49

中国版本图书馆CIP数据核字（2016）第068376号

QU YEWAI
去野外

作　　者：[葡] 伊内斯·特谢拉·多罗萨里奥　[葡] 玛利亚·安娜·佩谢·迪亚斯
绘　　图：[葡] 贝尔纳多·P.卡瓦略　翻　　译：张晓非
责任编辑：蒋　伟　王滟明　聂　青　责任审读：张桂宜
营销编辑：芦　岩　曹红宝　版权编辑：尹维娜
内文排版：孙晓波　封面设计：于　是
责任印制：林　斌　责任校对：张思雯

出 版 人：卢培钊　出版发行：广西科学技术出版社
社　　址：广西南宁市东葛路66号　邮政编码：530022
电　　话：010-53202557（北京）　0771-5845660（南宁）
传　　真：010-53202554（北京）　0771-5878485（南宁）
网　　址：http://www.ygxm.cn　在线阅读：http://www.ygxm.cn
经　　销：全国各地新华书店
印　　刷：北京市雅迪彩色印刷有限公司　邮政编码：100121
地　　址：北京市朝阳区黑庄户乡万子营东村
开　　本：710mm×920mm　1/16
印　　张：23　字　　数：300千字
版　　次：2016年5月第1版　印　　次：2019年1月第6次印刷
书　　号：ISBN 978-7-5551-0622-7
定　　价：98.00元

我们与大自然——一个漫长的故事

人类与大自然的故事，要从远古时代人类在地球上出现讲起。想象一下史前人类生活的时期，没有村庄和城市，人类就生活在大自然中！那时候，没有柏油马路和房屋，也没有电灯。人类的周围，只是一望无际的原野、自由奔流的江河、各种各样的动物（都尽情地发出各种声音："嗡嗡""哼哼"……），举目四望尽是崇山峻岭、巨石嶙峋（lín xún）、树木繁茂、郁郁葱葱……

大自然神秘无比。人类总想揭开它的面纱一窥究竟，但是一切却都好像被施了魔法一般。尽管如今科技已经很发达了，可对大自然我们还有那么多未解之谜，那么，想想那遥远的年代吧……

大自然同时还威力无比。任何东西也阻挡不了汹涌的河流，人们没有什么办法掌控风暴，也没有什么办法改变四季植物的生长。

大自然是朋友，然而也是对手。想象一下，环顾四周，全是想要把你一口吞下的野兽，那会是什么滋味！同时人类不得不忍受严酷的寒冬、可怕的干旱、泛滥的洪水，还有铺天盖地的害虫来吞噬（shì）人类赖以为生的庄稼。正因为如此，我们的先民对着山峦（luán）、树木和河流祷告。大自然就像是有生命的、可以对话的神，人类向它祈求许多东西，或者试图通过给它奉献礼物来换取它的恩赐。

噢，尼罗河，请帮助我们吧！
你从大地出发，
把宝贵的河水带给埃及！

古埃及人这样对尼罗河咏叹着。

你养活了所有的牲畜，
你让大地有水喝！
你孕育了小麦，让谷物发芽。

变幻莫测的大自然总是让人心生恐惧。拿古埃及人的例子来说吧。他们从来无法确定，这一年尼罗河的水是否足够灌溉土地，他们能否有个好收成。这种生存的需要（民以食为天哪）使得人类一直在试图与天地做斗争，试图控制大自然那不可驯服的野性。

千百年来，人类尝试着用许多方式来了解大自然：细心观察它，研究四时的变化，发现事物间的相似与不同，分辨我们周围的生物。科学技术能极大地帮助我们，比如我们发明了越来越先进的工具。

随着时间的流逝，我们和大自然的关系也发生了变化。由于我们不再有那么多的敬畏之心，便感觉不再需要像以前那样与大自然沟通，或是祈祷、感恩；由于我们已经多多少少控制了大自然，便想随心所欲地利用它，而不去考虑后果。

犯过许多错误之后我们才明白，地球的更新能力原来有限（并不是无穷无尽的），而人类只有一个地球可以存身。如果我们不加控制地毁坏森林，森林将会消失；如果我们不假思索地摧毁某一动物的自然栖息地，这个物种就会消亡，而一个物种灭绝，其他物种也难逃同样的厄运。地球上的一切生物构成了息息相关的生物链，而人类也是这链条中的一环。

哪怕想法与此相反，无可争辩的是人类要继续依靠地球和它的资源生存；而且此时此刻的自然也要依靠我们：我们已经过于强大了，甚至可以摧毁整个地球。毋庸置疑，人类的欲望如果无休止地膨胀，后果将不堪设想。

当然，我们相信人类是有理性的，而科学的发展也已经证明了这一点。我们写这本书不是出于对地球可能消亡的恐惧，而是因为我们相信随着知识和信息的增长，人类可以越来越好地欣赏和保护自己美丽的家园。

我们有些时候会无精打采、躁动不安，另外一些时候则精力充沛、容光焕发。无论哪种情况，呼吸一点新鲜空气、投入大自然的怀抱就足以让我们心旷神怡；多一点与大自然的接触，多一点对大自然的了解就会让我们更专注自信，更充满创造力。

大自然，你到底在哪

即使我们身处在庞大的都市里，家住在车辆川流不息的街道旁，大自然也总是与我们为邻。抬头看天空，总有星辰闪耀（虽然被摩天大楼挡住了视野），云朵飘飘，雨雪纷飞；脚踩着土地，总有花草树木，还有许多动物生活在我们的周围。

动物？可动物都在哪呢（我出门的时候可从没见过）

我们经常会心不在焉，或是步履（lǚ）匆匆，所以听不到燕子在空中呢喃，也看不到蝙蝠在破晓时分的街灯旁盘旋……

动物是无处不在的，只是分布的情况不同。有的地方动物的数量会多一些，而在另外一些地方，你会更容易遇到它们。如果你住在乡野村庄，就会对这一点深有体会。你只要稍微远离屋舍，便可以踏上与各种动植物的相遇之旅了。

在城市里动物的数量和种类就没这么多了，但是即便如此，只要知道到哪里去找，也还是能发现许多动物的踪迹……重要的是得小心留意。

那么现在，我们就从最容易找到动物的菜地和花园开始吧，这里几乎总是可以遇到鸟类、小型哺乳类、上百种的昆虫和其他一些大点的虫子，它们藏身于地面、树丛中或花叶间。

当然了，如果你希望遇到不同的物种，欣赏到让人心旷神怡的天空，最好去乡间，而这并非一桩难事：一般情况下，一两个小时的短途旅行就可以到达一个乡村、一条河流的入海口或是一座山中。

我们在野外可以学习到的东西是无穷无尽的。这可不是夸大其词。关于大自然，每当我们回答了一个问题，许多其他的问题便会接踵（zhǒng）而至。因此，我们在这本书里便不打算（也不可能）一一回答所有的问题。我们只回答其中的一些，但当你置身野外，请不要拘束自己的好奇心，把

想知道的问题都记下来，到图书馆或博物馆去一一查证求解吧！这会是个有趣的经验呢。

你遇见的任何一株植物、攀爬的任何一棵树木、看到的任何一个小动物都是有故事的，它们身上隐藏着许许多多的为什么。

“但是动物又不会说话！更别提植物了！”——你一定会这样说。有道理，至少它们不会讲我们懂得的语言。但这并不是一个无法战胜的挑战。

想想看，如果我们乍听到一种陌生的语言，是不是会格外留意呢？对待大自然也是一样的道理，我们可以用心倾听它的语言：如果我们调动起敏锐的感官，就能更好地理解周围的一切，包括植物、动物、星辰、岩石乃至万事万物发出的喃喃低语。

编写这本书的时候，我们会特别关注生物学这个主题，这门学科魅力四射。生物也是身处野外时最容易吸引我们注意力的对象了，比如那些一闪而过的动物、或深或浅的动物痕迹、随手采集到的花叶等等。当然，在野外我们不仅需要了解生物学知识，还有其他有趣的学科——比如地质学和天文学，它们同样丰富而充满魅力。

我们为什么编写这本书

也许你会有这样一种感觉：野外是寂静无声的，只有在室内进行的事情才算得上“活动”，比如读书、看电视、玩电脑、打游戏、欣赏电影……

但事实并非如此！

只要你多加留意——调动起与你看电视或玩电脑时不同的注意力——就会发现野外可真是万物表演的天然舞台：地球转动不息，云朵游走变幻，花开花落，动物也各有生存之道……我们稍加用心，便可学习观察这世间万物，最终你会发现，这可比窝在沙发里度过一个下午要充实、有意义得多。当你目睹一只充满生命力的小蚂蚁，或是面对壮阔的潮起潮落，你感受到的世界与透过一块屏幕看到的世界截然不同。

我们希望这本书能够鼓励你、带动你走出家门！这本书不只是一扇供人观赏飞鸟、云彩和鲜花的橱窗，还能带给你有用的点子和知识，帮助你去探索大自然的一切。

除此之外，编写这本书还有一个特别的理由：用这本书来赞美我们可爱的祖国，以及拥有丰富的生命和惊喜的国土。葡萄牙虽是小国，但风景与自然栖息地却多种多样，它处于多种候鸟迁徙的线路上，这里有些动植物种类是全世界独一无二的，它还有几百公里漫长的海岸线，打开地图，你就知道这样的资源可不是随处都有呢。这些都赋予了我们更多的激情来创作这本书，带给大家不一样的阅读体验。

总而言之，请推开家门勇敢地走出去，那里有一个广阔的世界在等着你。祝你旅途愉快，收获奇迹！

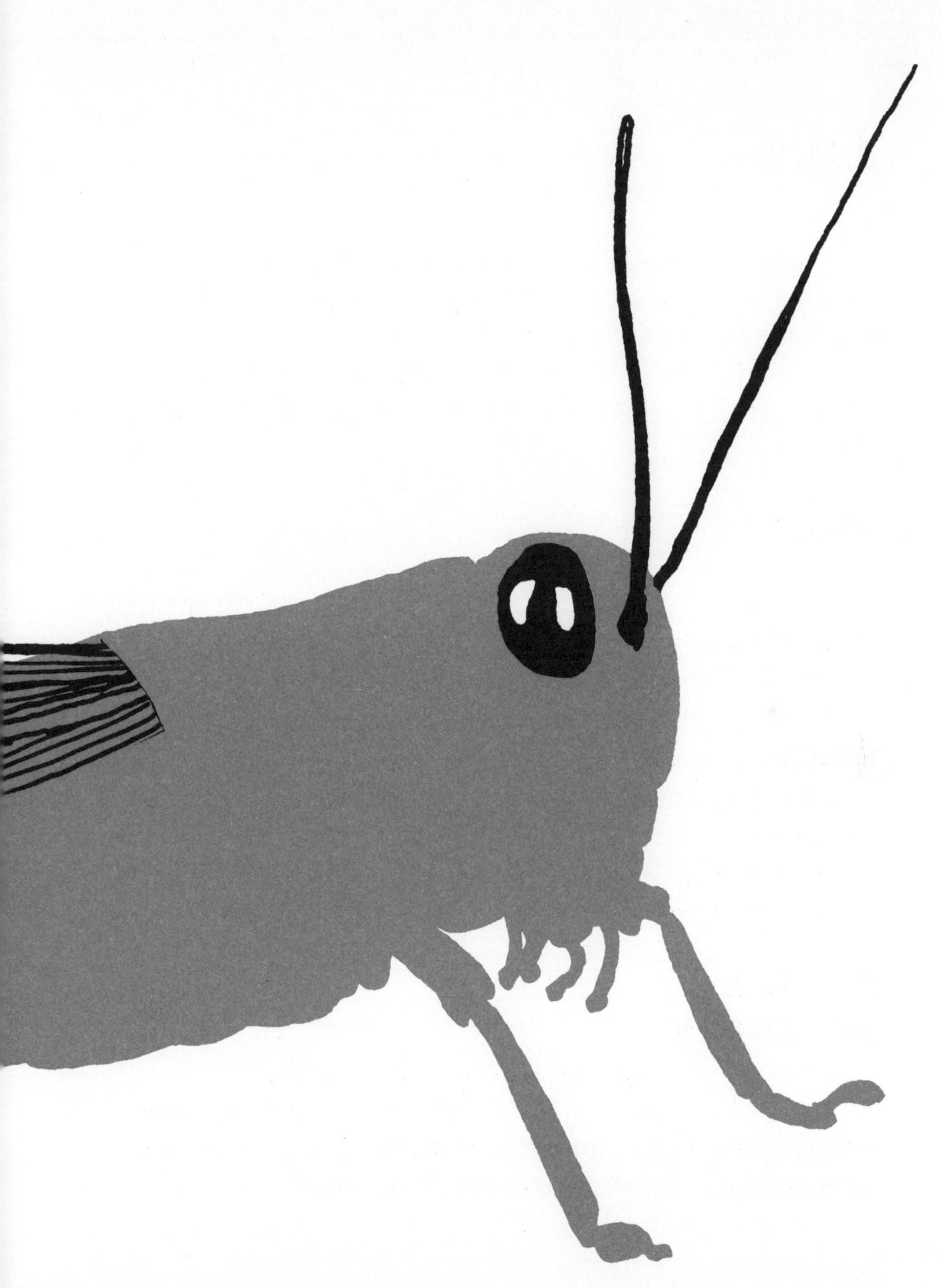

去哪里

我们常说，大自然无处不在，就连你家房前屋后的花园和空地里，也有许多秘密等待着你去发掘呢——哪里居住着多少种动物？这一个简单的问题就足够你探索一整年啦。

当然，你也可以不带任何学术目的，只是纯粹地去享受一番：看一看云卷云舒，感受一下清风徐徐，随意爬一棵树，画几笔花花草草……你随时随地都可以这样做！

城市里

有许多物种可以生活在城市环境中。鸽子、麻雀、海鸥，当然有心人还会看到蝙蝠，市区里还有猛禽，比如鸢（yuān），它们会在高楼阳台上伸出的花叶间筑巢。这些仅仅是例子，城市里还有数百种其他物种呢。仅仅在里斯本的一些街心花园里，就能观测到 130 多种鸟类！

城市之外

如果想进行一次更深度的探险，你可以尝试着去探索一处自然景点或某种生态公园。

中国各处的风景迥异，动植物资源尤其丰富，从探索自然的视角来看简直像一座挖掘不完的宝藏。而在葡萄牙，也有着精彩而丰富的自然胜地。

重要的地点之一

丛林、森林和荒林

葡萄牙国土上分布着多处森林，其中大部分是人工种植的。

最常见的就是松树林了，但也有不少是混交林（如伊比利亚栓皮栎和冬青栎混合种植，有农业和畜牧业的用途）和桉树林。混交林里可以观测到丰富多样的生物，而桉树林里的动植物种类相对就比较贫乏了。

如果你准备拜访一处丛林、森林或者荒林，那么出发之前，请先浏览以下相关主题的章节：跟着这印记；小虫子，大虫子；两栖动物；树；鸟类；爬行动物；花儿；哺乳动物。

也有一些丛林是野生的。在葡萄牙最有名的当属地中海丛林了，比如阿拉比迪山脉的丛林，林中生长着橡树、冬青栎、野生油橄榄树和软叶松。

在葡萄牙的中部和北部，尤其是在吉瑞斯山脉一带，有很多保护得好的林地长有桦树及垂枝桦，它们简直美丽极了！我们当然也不会忘记照叶林，它位于马德拉和亚速尔群岛，那里有世界上独一无二的动植物。

荒林指的是这个地方以前曾经是森林，但是毁于火灾，或者是被砍伐了（比如为了造田而人为砍伐）。葡萄牙各地都有荒林，这里生存着一种葡萄牙极有代表性的物种——伊比利亚猞猁（shē lì）。这些地方通常一片荒凉，所以几乎不可能在这里发现太多的生物，但是有种你会很喜欢的动物经常在此出没：兔子。

重要的地点之二
山与河谷

请浏览以下相关主题的章节：跟着这印记；小虫子，大虫子；树；鸟类；爬行动物；花儿；哺乳动物；岩石；星星、月亮、太阳与阴影；云朵、风和雨水。

说起葡萄牙最著名的山，当数埃什特雷拉山脉和吉瑞斯山脉了，它们海拔其实并不很高，但以有着丰富的动植物种类而闻名。

狼就是这里最出名的“居民”之一，运气好的话，你可以亲耳听到狼嚎呢。在葡萄牙的群岛上，也不乏值得造访的山地。

在马德拉群岛，有很多景点是值得一游的，包括阿里埃洛山、胡伊福山及整个岛的内陆地区，亦即照叶林所在位置。游览亚速尔群岛的话，一定要去全国最高峰比高山认识一下比高岛，特塞拉岛及繁花岛上的照叶林。此外，位于圣米格尔岛上的特隆盖拉山脉是葡萄牙最稀有鸟种圣米格尔红腹灰雀的栖息地，也是很值得一看的。

对于许多物种来说，大河边上的河谷也是它们重要的自然栖息地。特茹河、杜罗河以及瓜迪亚纳河就是这样的大河，在葡萄牙与西班牙相邻的地带，这些大河流域的景观分外美丽，那里聚集着大量的兀鹫（jiù）、旧大陆秃鹫和其他的猛禽。鹿也是这些流域的常客，尤其是在特茹河的跨境地区。

请浏览以下相关主题的章节：跟着这印记；鸟类；哺乳动物；大海、沙滩、潮涨潮落；星星、月亮、太阳与阴影。

重要的地点之三

沙滩、大海和岛屿

炎炎盛夏，当我们去沙滩享受清凉假日的时候，可曾留意过这里的动物资源是如此丰富。这里是陆地与海洋的交汇处，所以许多的动物常常聚会于此。

在砾石海滩我们会看到海星、贻（yí）贝、海胆或者爬来爬去的螃蟹；而在沙质海滩呢，蛤蜊（gé lí）寄居于退潮区域的沙面之下，海鸟则避开海浪的追逐，试图去吃掉贝类……这些仅仅是我们在地面上看到的景象。如果穿戴上潜水脚蹼（pǔ）和潜水镜潜入水下，还有一个奇妙的水下世界等着你去发现。

大海中的岛屿则又别有洞天。海岛被一望无际的大海包围，海岛上的动物无法“出远门”，便在一种与世隔绝的状态下进行着进化，其中一些甚至成为新物种的起源。因此，在岛屿上经常会遇到一些特有物种（即全世界独一无二的物种）。这种现象在那些远离大陆的岛屿中颇为常见，比如在亚速尔和马德拉群岛；但是在近大陆的岛屿中也时有发生。这些岛屿是各种海鸟绝好的栖息地。亚速尔群岛同时还是全世界最佳观赏蓝鲸和抹香鲸的地点之一。

重要的地点之四

河流、入海口和湖泊

潮湿的生存环境对某些动物而言是生存的天堂，比如河流、入海口、湖泊、潟（xì）湖*和沼泽。

葡萄牙有四大著名河流，包括特茹河、萨多河、蒙德古河和瓜迪亚纳河。还有两大河涌——阿威罗及法鲁地区的河流（后者别名美丽涌）。在这些河流及河涌栖息的雀鸟成千上万，还没包括两栖类动物哦。此外，值得游览的还有阿尔布费拉，圣多安瑞的沿海湖泊及阿尔克瓦人工湖。

在中国的秦皇岛、大连等沿海城市，也可以欣赏到壮观的动物聚居景象。

以下相关主题的章节可供参考：小虫子、大虫子；两栖动物；鸟类；爬行动物；哺乳动物；大海、沙滩、潮涨潮落；云朵、风和雨水。

重要的地点之五

农村与牧区

在人类从事农业活动的区域，生活着许多非常有趣的动物。这是因为，它们也喜欢我们种下的作物，比如谷物、蔬菜和水果。它们会被这些作物吸引来，或以之为食，或在这里建窝筑巢住下来。比如乌灰鹞（yào），就喜欢在阿连特茹的田野里悄悄藏起它们下的蛋。

出发去乡村之前，请浏览以下相关主题的章节：跟着这印记；小虫子、大虫子；两栖动物；树；鸟类；爬行动物；花儿；哺乳动物；岩石；星星、月亮、太阳与阴影；云朵、风和雨水。

* 潟湖：被沙嘴、沙坝或珊瑚分割而与外海相分离的局部海水水域。

你知道这些很重要

到野外探索大自然是一种奇妙无比的经历，但是为了避免危险，这些注意事项你一定要知道哦！

牢记下列安全法则

出发去乡村时应该有一位成人陪伴，在其批准下方可进一步深入。一定不要单独出门。除了为安全考虑，有人陪伴也可为你随时答疑解惑，或帮助你温故知新。

利用好的天气。雨中漫步或御风而行，这固然可以是美妙的体验，但是千万不要在暴雨中出门，特别是在雷电交加的天气！如果你想欣赏闪电，就呆在房里，守在窗边好了。

如果你要去看星星、听蛙鸣或者寻找布谷鸟的歌声，只要是夜晚出门，就要小心迷路或跌倒。随身携带一支手电筒和一件厚外套，有备无患。

留意你经过的道路，尤其是当你穿越一片林地时。这里没有什么明显的参照物，因此很容易迷路，你会觉得周围的景象都似曾相识。这时如果有一个指南针，它就会帮你找到回家的路。

如果你的目的地是江河湖海，不要冒险离水太近。大部分水域里虽说没有鳄鱼，但要小心大浪，甚至有时一块石头也会使你滑倒哦。

请牢记

- 不要移动或者触碰鸟巢。
- 不要在地上、岸边以及往河里扔垃圾。

- 不要拔起一株植物。（没有正当用途，不要为拔而拔。）
- 避免搬动石块，也许有动物在下面做窝。
- 观察动物时尽量保持安静，不要惊扰它们。

你应该随身携带的

人人都喜欢舒舒服服的，没谁愿意忍饥受冻或面对问题束手无策，所以出发前，要确认已经携带了以下物品。

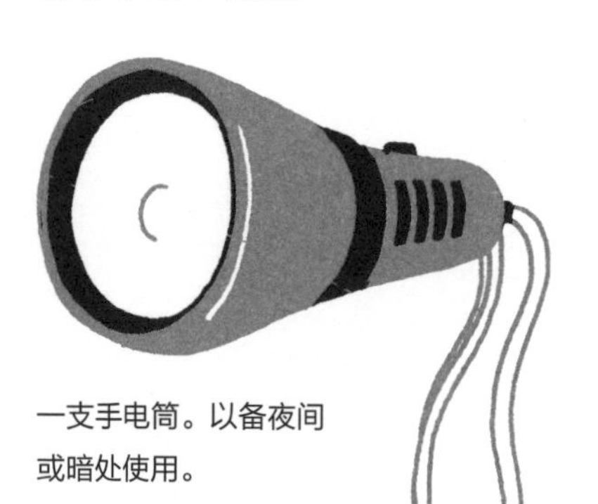

一支手电筒。以备夜间或暗处使用。

遮阳帽和防晒霜。不要忘记预先涂抹均匀，要知道乡野间的太阳和沙滩上的一样炽烈！

一双橡胶筒的靴子。在有水或泥泞的地方它会很有用。

一个 GPS 定位仪或者指南针。别忘了在出发前就学会使用它！

双筒望远镜。用于观察鸟类和其他动物。

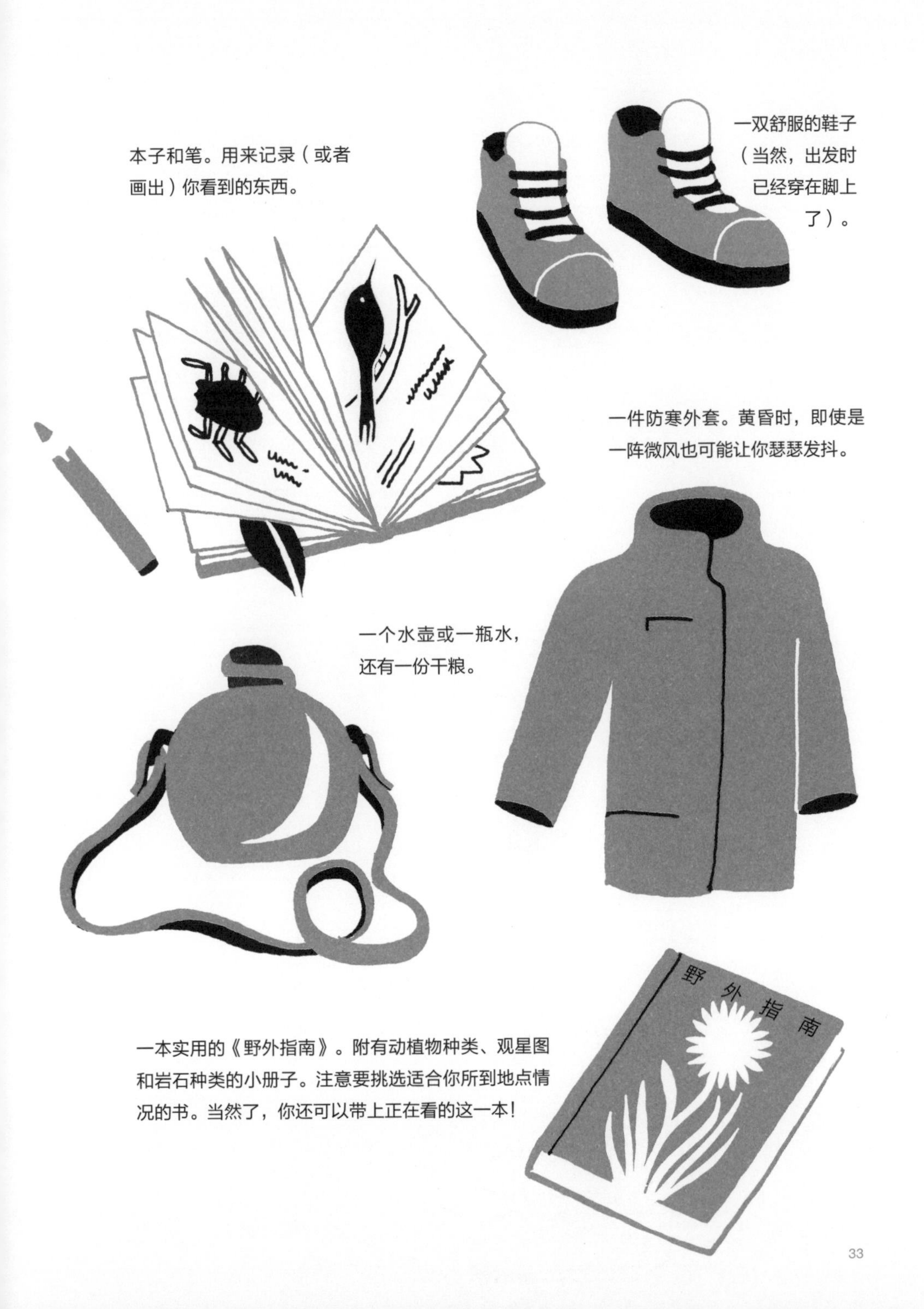
一双舒服的鞋子（当然，出发时已经穿在脚上了）。
本子和笔。用来记录（或者画出）你看到的东西。
一件防寒外套。黄昏时，即使是一阵微风也可能让你瑟瑟发抖。
一个水壶或一瓶水，还有一份干粮。
野外指南
一本实用的《野外指南》。附有动植物种类、观星图和岩石种类的小册子。注意要挑选适合你所到地点情况的书。当然了，你还可以带上正在看的这一本！

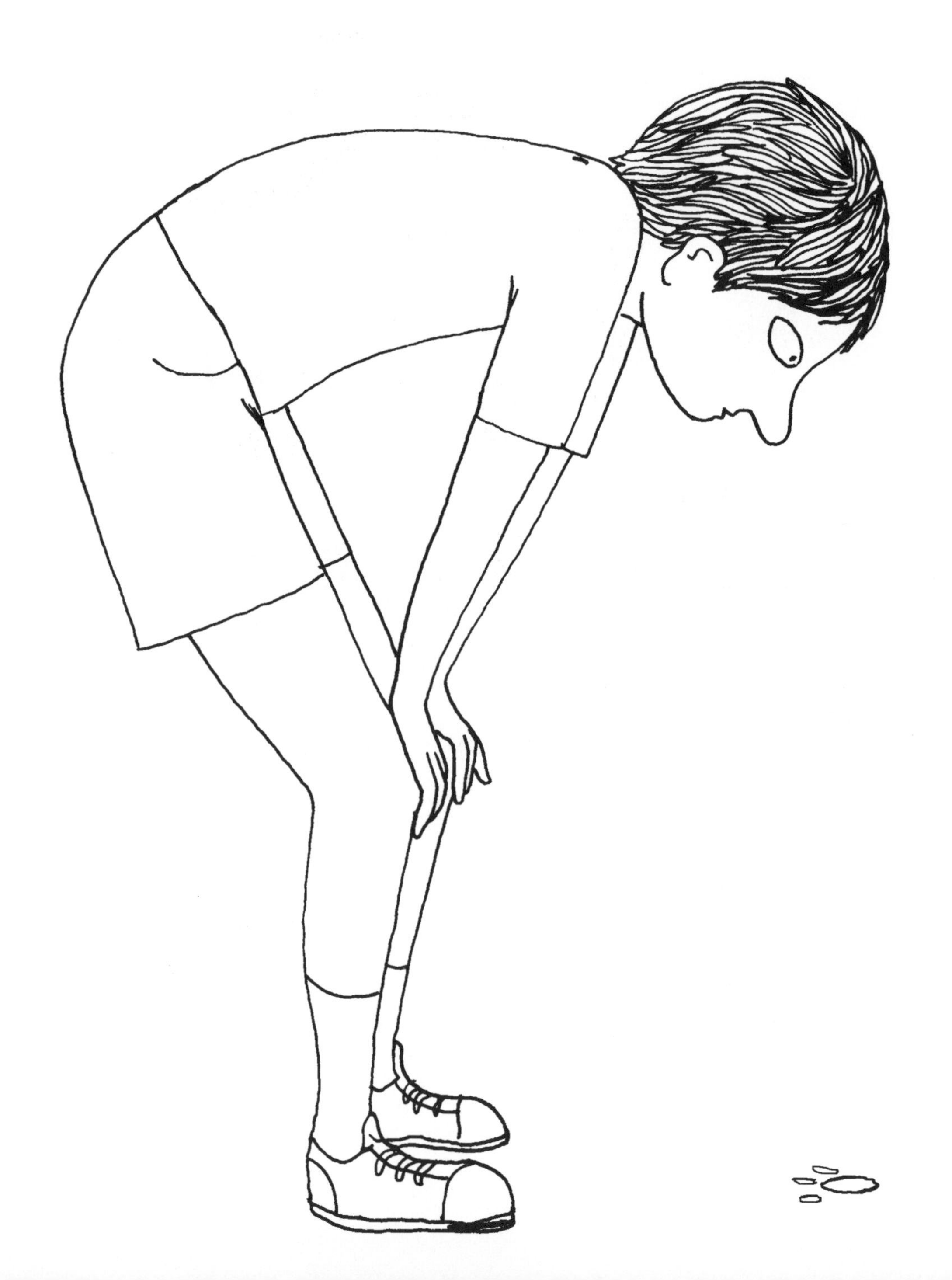

跟着这印记

——动物留下的痕迹

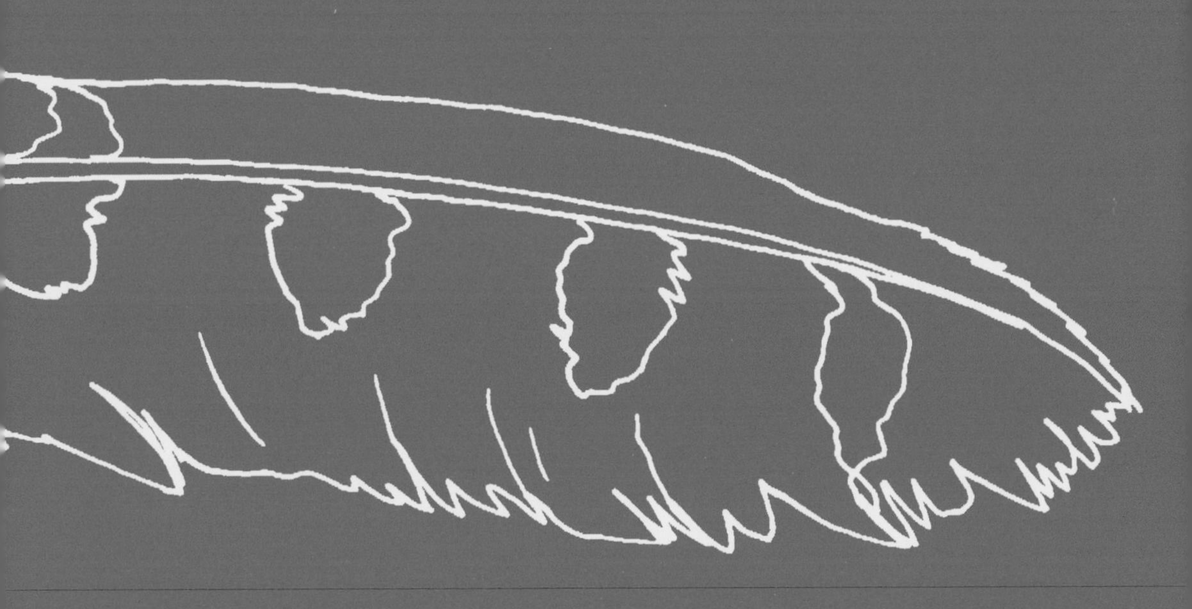

你肯定听说过，野外有着为数众多的野生动物。

但是好好回想一下，你可曾记得见到过一两只？

事实上，它们中的大多数都隐藏起来了，轻易是见不到的。

那么生物学家是如何找到它们、开展研究，并且对它们的生活习性了如指掌的？

一点儿也不难，只需要跟着这些印记！

动物会留下哪些痕迹

动物总会在大自然里留下各种痕迹，只是往往无人觉察罢了。不用吃惊，它们生活里的一切——捕食、行动、休憩、繁殖和生长都有迹可循，而我们可以按照这些线索去寻觅和研究……你准备好了吗？

看食物猜身份

有些人在吃东西的时候，会把不喜欢吃或者不能吃的部分挑出来放在一旁，一些动物也是如此。

食草动物（以植物为食的动物）会把啄食过的种子或水果的一部分留在一旁。根据这些痕迹来判断周围有哪些动物出没是很准确的，因为即使有些动物吃相同的食物，它们咀嚼和剩下食物的方式也大相径庭，而这些都能帮助我们准确地判断出它们的身份。

红交嘴雀

举个例子，松鼠为了吃到松仁而咬松果，而红交嘴雀（一种鸟，顾名思义它的嘴巴是交叉的）也喜欢这样做，但是咬法与松鼠不同，所以我们通过判断咬松果的不同方法，就能确定这是一只松鼠还是红交嘴雀了。

食肉动物常会留下没有吃净的食物，这样一来，我们就可以辨识出吃和被吃的双方了！

比如说靴隼雕吧，它们会吃别的鸟，然后把这些鸟类的羽毛留在品尝美味的地方。我们只需观察这些羽毛，便可知道它们不幸的主人是谁了。（需要手里有一本《鸟类大全》，里面有各种鸟类的羽毛图和文字讲解，你就能查找出一只鸟的种类了。）

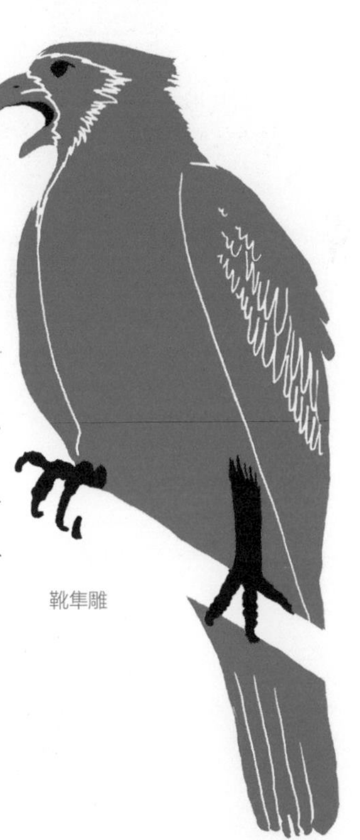

靴隼雕

松果和榛子透露的重要信息

如果看到了一个被咬过的松果或者榛（zhēn）子，你也许能知道是谁干的。

只需仔细观察它们，再和这些图片对比一下……

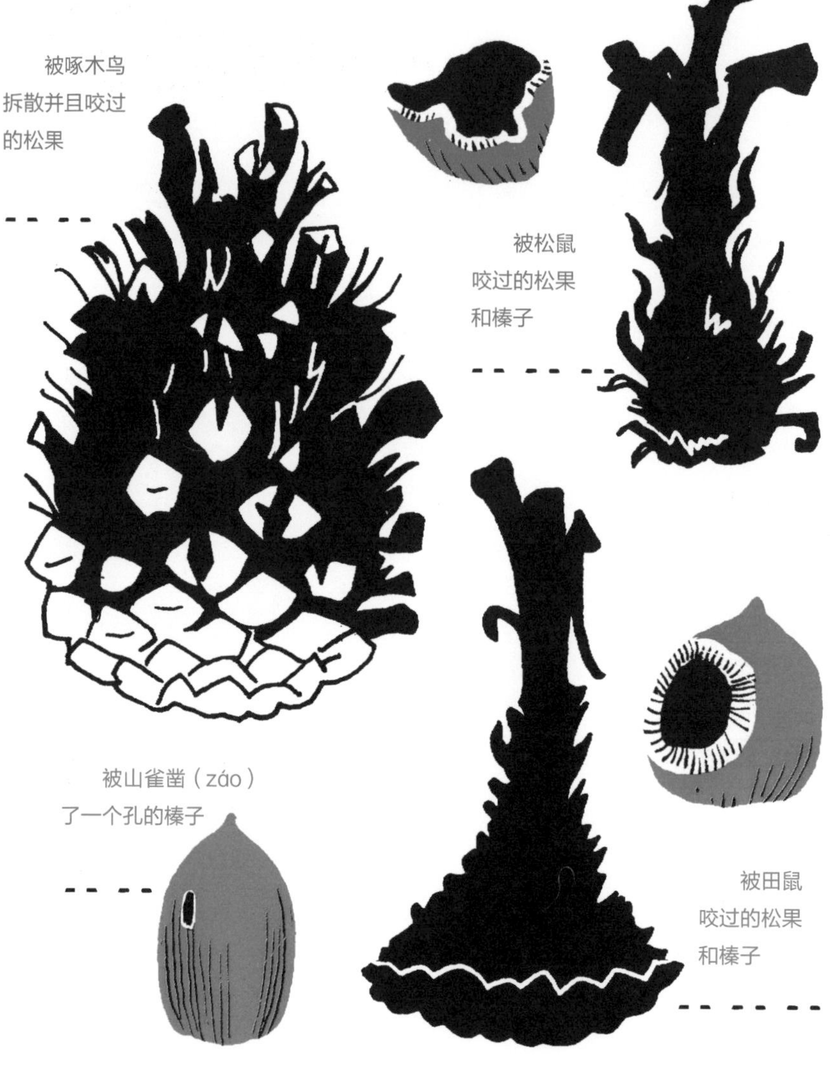

被啄木鸟拆散并且咬过的松果

被松鼠咬过的松果和榛子

被山雀凿（záo）了一个孔的榛子

被田鼠咬过的松果和榛子

羽毛透露的重要信息

如果你捡到一片羽毛，在判断它属于什么鸟类之前，可以先鉴别一下它的类型。

羽毛分为三种类型

飞羽

这种羽毛长在鸟类的翅膀或者尾巴上，它们很容易被识别：长，中间有一根硬的“轴”。鸟类尾部的羽毛相对来说更对称一些，而翅膀上的则一边比另一边要宽。

覆羽

这种羽毛覆盖在鸟身体其余的部分。中间也有一根“轴”，但是不像飞羽的那么结实。

绒羽

绒羽没有中间的羽轴（即使有也很细小），非常纤细柔软，长在其他羽毛的下方，主要的功能是保暖。

可以收集一些不同的羽毛，然后来判断它们的主人哦。

小提示

猫头鹰的羽毛摸上去非常细软，尤其是腿部上方的羽毛。

幸运的话，也许会拾到松鸦的羽毛，松鸦羽毛的图案非常有特点。

城市里的居民会经常看到鸽子的羽毛，它们形态比较小，通常是白、灰或者黑色的。

将不消化的吐出来

前面我们说到，有些动物只吃它们能吃或者喜欢吃的东西，但另外一些则相反，它们可从不挑食，喜欢一股脑地将食物狼吞虎咽地吞入口中，然后再把消化不了的吐出来。比如猫头鹰就这么干，它们会将无法消化的骨头一小团一小团地吐出来。

生物学家把这种动物吐出的东西称作“呕吐物”。这些“呕吐物”可是非常有用的线索，通过观察被呕吐出的骨头，我们就可以判断它是属于何种生物的了，甚至可以搭建出这个被吞掉的可怜动物的整个骨架呢！

有趣的动物粪便

动物和人一样，进食之后，肠胃会把无法消化的部分排出。生物学家把排出的这部分称为动物的粪便。在动物的粪便里我们可以找到所有没有被消化的东西，比如种子、植物残渣、皮毛、小骨头或者昆虫的外骨骼。

不同动物粪便的形状、大小、成分和气味是各不相同的，通过分析，我们不仅可以知道这只动物吃下了什么，还能辨认出粪便主人的身份。

走，跑，爬

你一定有过这样的经验吧，当赤脚站在湿漉漉的沙滩上，会留下一对足印，就好像你的双脚清晰地复印在了沙地上。走动的时候，便会有一串脚印透露出你的“轨迹”，就如同拖着一根小木棍在地面上划过时那样。

动物也是如此。我们通过脚印不仅仅能看出它是谁，还能知道它是“成年人”还是“孩子”，甚至能知道它是在跑还是在走呢。

四平八稳的脚印“标准照”

动物的蹄爪各式各样，行动的方式也是五花八门。除此之外，和我们人类一样，它们有时疾跑如风，有时蹦蹦跳跳，有时会一瘸（qué）一拐，而另外一些时候只是随便溜达溜达。

每种动物蹄爪的个数也是不同的哦。

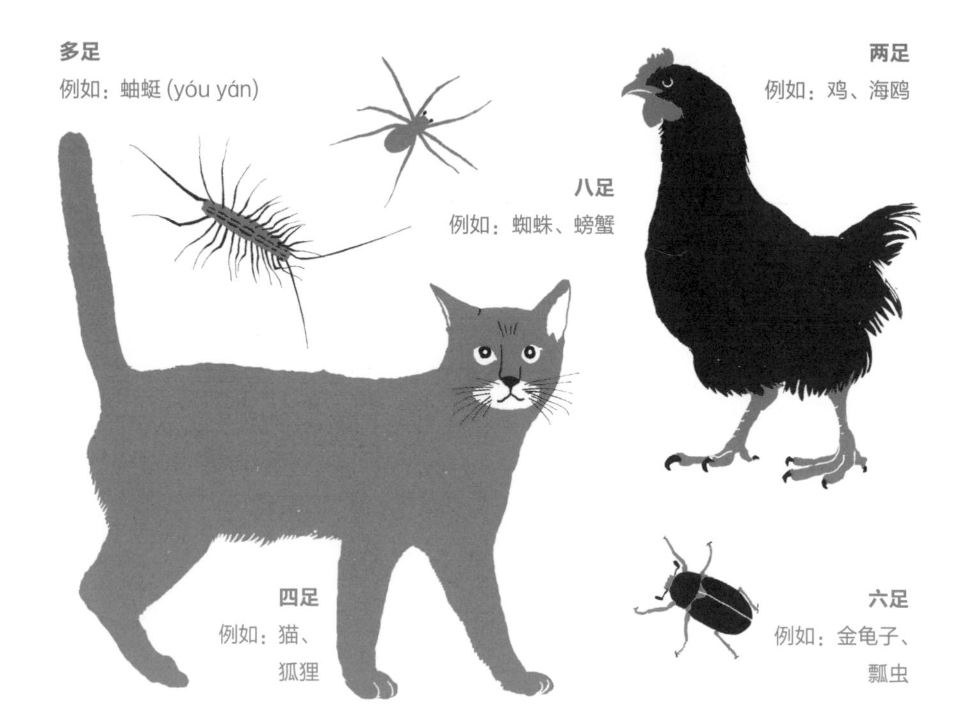

脚印“标准照”

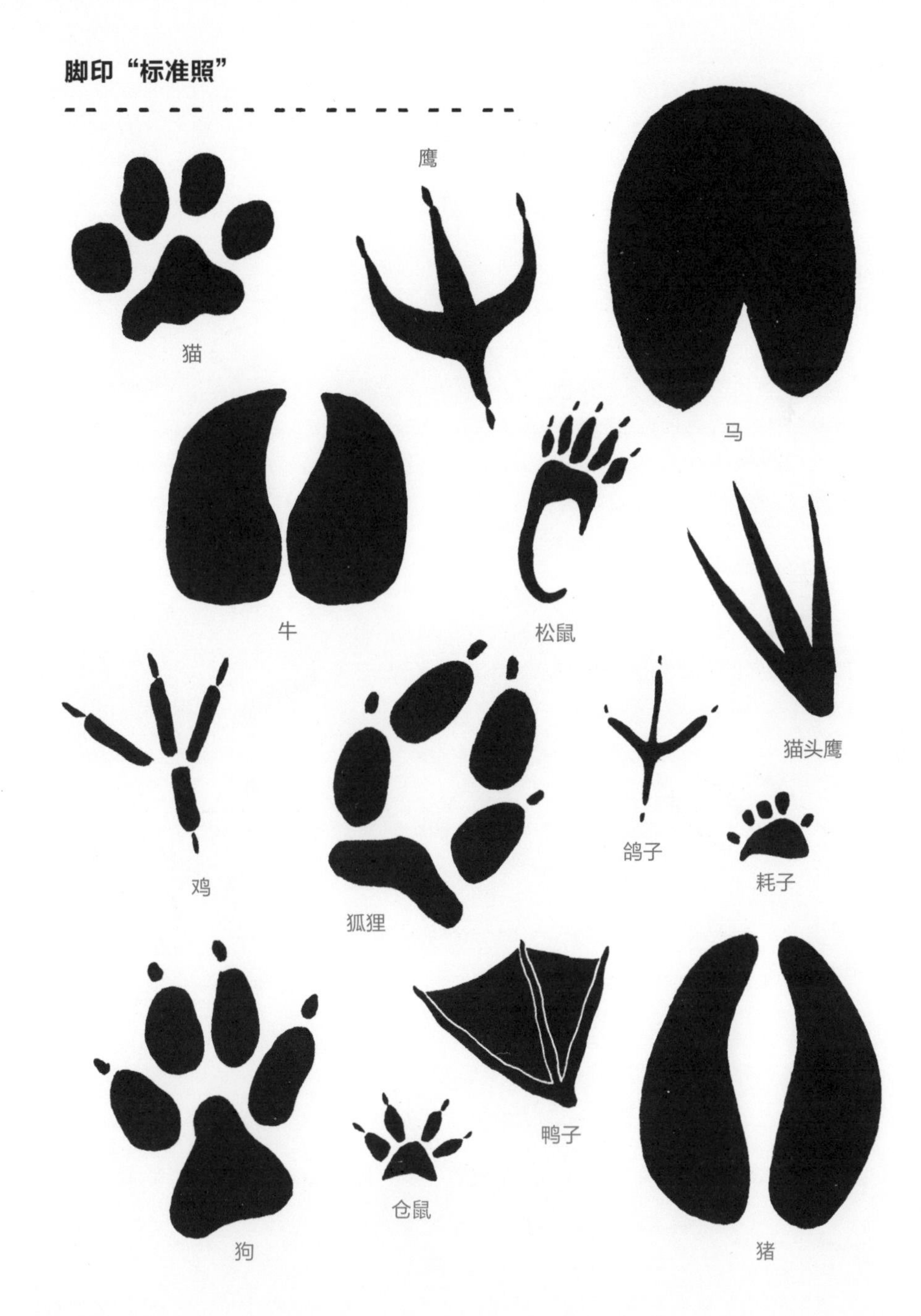

蜿蜒蛇行

由于没有腿，蛇经过后留下的痕迹与其他动物差别很大，如果你看到，肯定能一下子认出来。

蛇爬行的几种重要印记

蛇在地面上留下的行动痕迹主要有 5 种。

有些种类的蛇更偏爱某些爬行方式，但一般而言蛇采用何种方式和行动时的“路况”有很大关系。比方说，是沙质还是土质地面，周围空间是大是小，蛇是否可以随意爬行等等。

1. **直线型**。多见于体型较大的蟒蛇，比如森蚺 (rán)。

2. **侧滑型**。最常见的印记类型之一，一般出现在沙地或其他表面比较平滑的地上，比如沙漠上。

3. **跳跃型**。

4. **手风琴型 / 弹簧型**。这样行进一般是为了穿过比较窄的地段，比如地道。

5. **“边浪”型**。葡萄牙最常见的类型。

“两点一线”的路径

有些动物会沿着重复的路径行动（和你一样，每天要从家里去学校，“两点一线”），这样就会在地面上留下一条“小路”。如果动物的体型较大，这条“小路”就会宽一些，相反就会窄一些。

遇到鸟类似乎不是什么难事，但哺乳动物就难得一见了，幸好它们留下了许多踪迹！它们的脚印几乎总是会形成属于它们自己的“小路”，让我们去辨认。

- 顾名思义，水鼩（píng）很喜欢水。为了抵达水域，它们总是穿行于草地上，它们在草地上形成的“小路”一般会有10厘米宽。
- 獾（huān）的体型可要比水鼩大得多。它们也会在经常出没的地方形成一条“小路”，这些“小路”宽大约30厘米，沿着它们就可以找到獾的窝。

变成一个野外动物侦探

一条河或者溪流的沿岸是发现动物踪迹的绝佳地点，因为许多种动物都会来这里饮水、觅食，或者扎个猛子、玩玩水！

小提示

- 观察动物的时候，一定要动作轻缓、保持安静，不要让动物受到惊吓。
  小声讲话，尽量使用手势和你的伙伴交流。
- 不要试图干涉动物的生活。别喂给它们食物，也别去帮助它们，更不要触碰它们的洞穴或者窝巢哦。

❋

变成一个城市里的动物侦探

在城市的各个角落发现它们！

小提示

- 如果看到动物的脚印，你可以拍照，或者画出它们，这样更容易研究它们的形状、特征，并比较出差别。
- 一定不要触碰动物的排泄物，因为它们可能会传播疾病。分析它们的任务还是留给生物学家来完成，他们有专门的工具来处理哦。

外骨骼

这件皮已经不合身了

和我们人类一样，动物也在不断地生长。有些动物永远都不会停止长大，即使已经进入“老年”了，比如章鱼、龙虾还有珊瑚（对，它们也是动物，虽然看起来不太像）。但是和我们人类不同的是，有些动物的皮是不会长大的，当它们的主人感到呆在这身窄皮里很不舒适时，它们就会蜕（tuì）皮！

蜕皮的动物代表

有的动物蜕皮的时候，会把蜕掉的皮丢在路上，如果你恰巧发现了，就如同得到了一件不可多得的宝贝。

蛇就是这类动物之一，它们蜕掉的旧皮就像一只长筒袜一样。它们蜕皮的时候会在地面或者植物上蹭啊蹭的，直到把整个一层旧皮蜕出来！

拾到一件完整的蛇皮可是很幸运呢，你可以试着辨认一下这张蛇皮哪里是头部，有什么样的特征，这样就可以知道是哪一种蛇了。

另外一些动物也换皮，比如蝉，但它们换的不叫做“皮”，而叫做“壳”，即身体外面的一层硬皮，也就是外骨骼（gé）。蝉刚刚孵化出的幼虫叫做若虫，它们身体外面包裹着一层白色的壳。随着若虫不断长大，它们的壳已经盛不下自己的身体了，于是就需要换壳了。平时我们在空地或者花园里，有时就可以捡到蝉脱下来的壳。

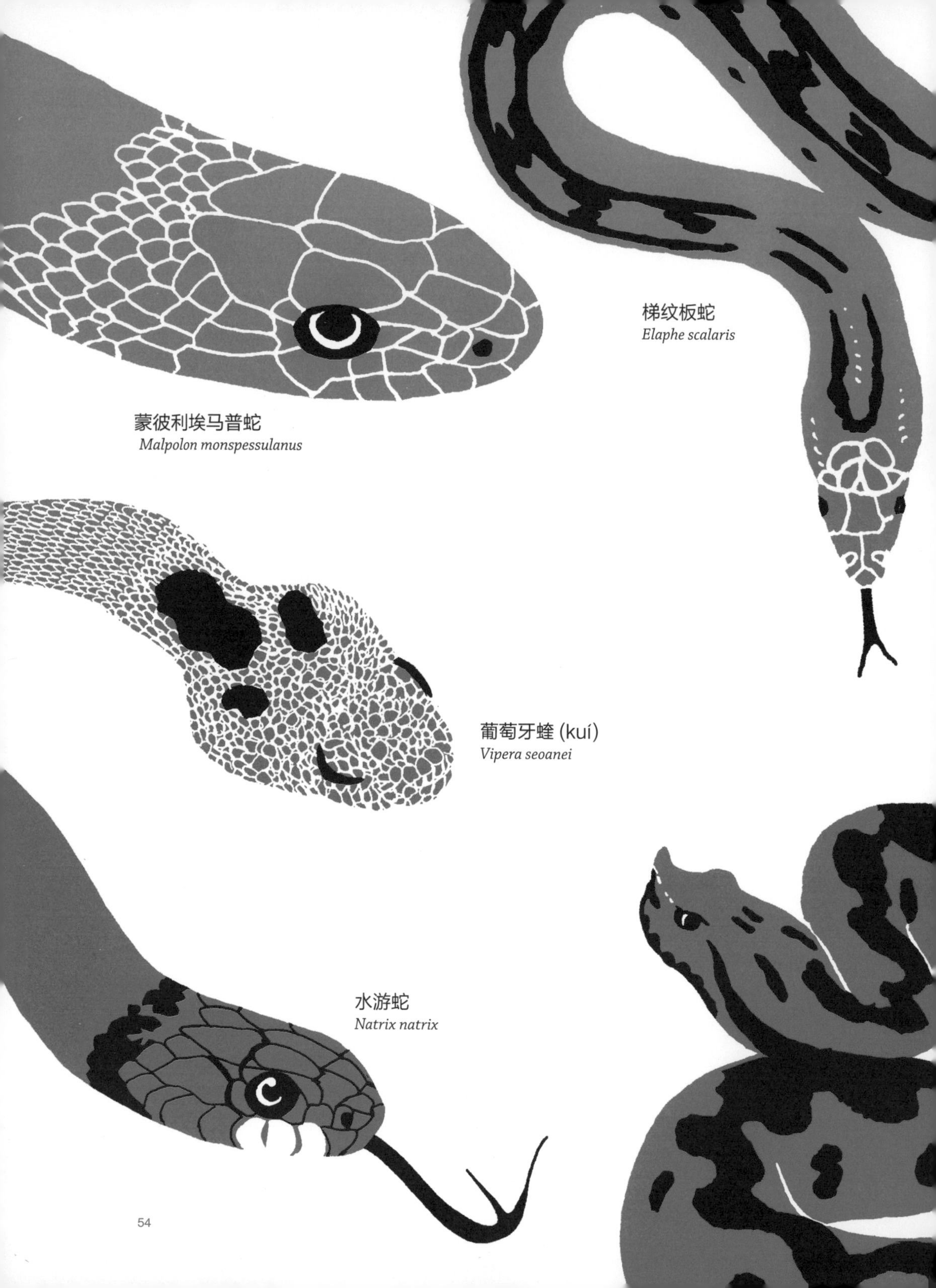
梯纹板蛇
Elaphe scalaris
蒙彼利埃马普蛇
Malpolon monspessulanus
葡萄牙蝰 (kuí)
Vipera seoanei
水游蛇
Natrix natrix

蝰水蛇 / 欧洲水蛇
Natrix maura
滑鳞蛇
Coronella austriaca
小翘异蝰
Vipera latastei
拟方花蛇
Macroprotodon
cucullatus

家，温暖的家

虽然闲庭信步的感觉非常美妙，人们总还是会有想要回家的时候。或是因为寒冷刺骨，或是因为风雨交加，或者仅仅是感觉疲倦，只想回到自己房间的床上美美睡上一觉。动物也是如此。

动物的房子和我们的不一样，虽然有的动物也会悄悄地住进人类的房子里，但只有找到它们的巢穴或者小窝，才能有效地观察到它们的行踪。

树上的窝巢

许多鸟会在树上筑巢，比如乌鸫(dōng)——这是一种常见的鸟，它们偏点儿蓝色的鸟蛋几乎随处可见。也有某些哺乳动物在树上做窝的，比如园睡鼠，它们会利用树干上的裂缝或者树洞来建造房子。

筑巢的方法有许多（详细信息请参阅“鸟类”一章）。

地下的住户

在田野和花园里，也许你已经留意到这样一种情形：许多小小的土堆一个挨着一个。你想过这是什么原因吗？

答案是许多动物为了自我保护在地下筑窝，筑窝时就必须把刨出来的土堆到地面上。没错！这就给我们带来了极佳的线索！

现在你就知道了，地面上如果有洞或者小土堆，就意味着地下某些动物正在下面挖地道呢。比如鼎鼎大名的挖土小能手——鼹（yǎn）鼠。

总之，动物留下的线索无处不在，快行动起来！

在海滩、田野甚至城市里你都能找到它们的线索。

园睡鼠

小虫子，大虫子

——这到底是什么虫子

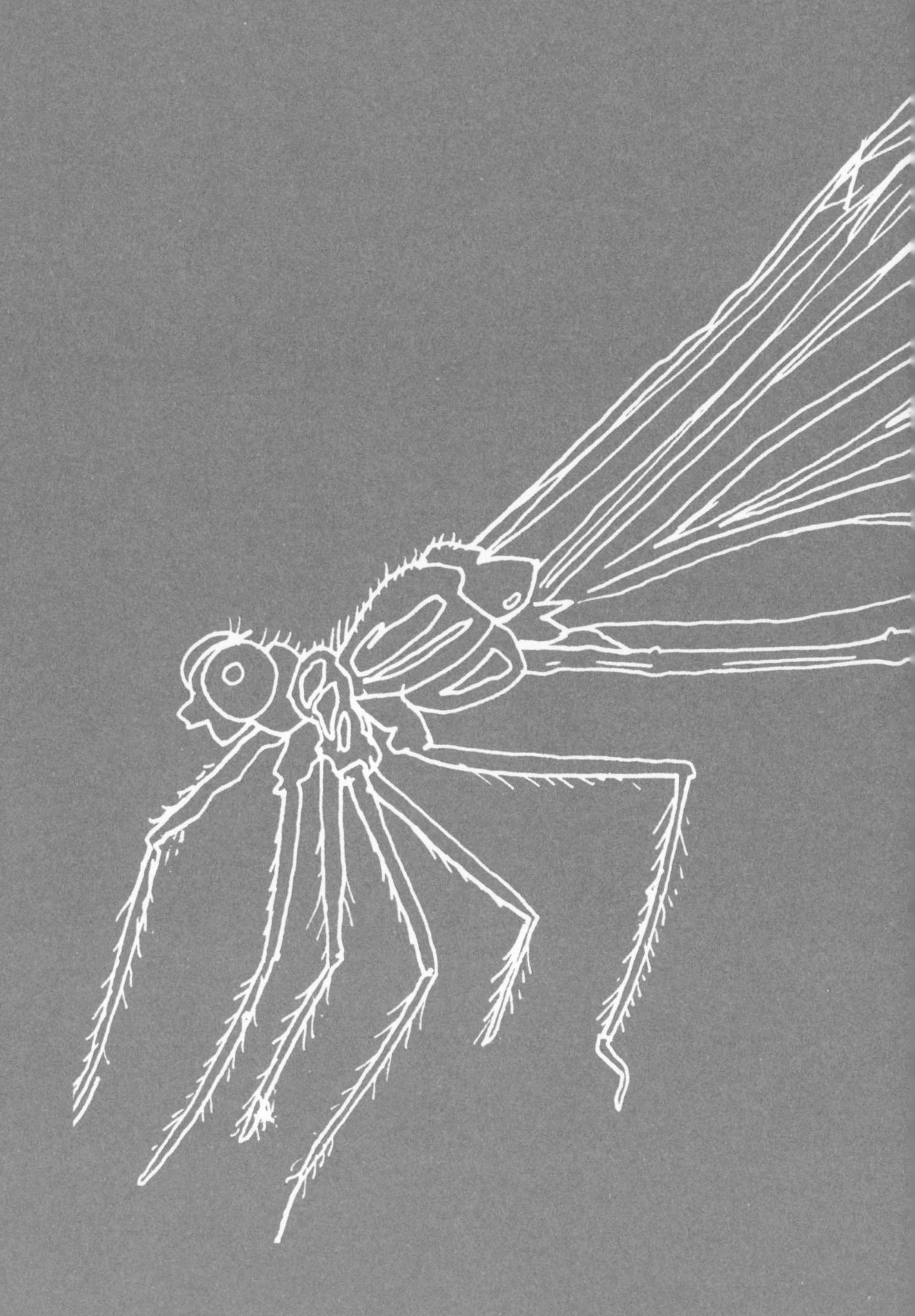

并不是所有的动物都行踪隐秘，难得一见。许多大虫子、小虫子、不大不小的虫子常常现身，我们往往就会在路上与它们“相逢”，而它们也许正在爬墙、在花园里散步，或者鼓翼起飞呢。

蚯蚓、泥螺、蚂蚁、蝴蝶、蜗牛……欢迎它们来到我们的书中！

从蚯蚓开始吧

蚯蚓有不同的种类，不过它们的皮肤都是光溜溜、黏糊糊的，身子则又细又长，一节一节的。正是这些“节”让蚯蚓有了不同寻常的能力——是什么能力呢？

当蚯蚓（以及所有的环节动物）失去一部分身体的时候，它们可以重新长出来！你能想象出这个能力是多么有用吧。比如有一只蚯蚓被一只乌鸫啄到，哪怕被叼走了一截身体，它还可以重新长出来并且继续活下去。

除了蚯蚓，环节动物的大家庭里赫赫有名的成员还有血吸虫和水蛭（zhì）。葡萄牙的许多水库里都有血吸虫，顾名思义，它们靠吸食别的动物的血液为生。而水蛭（又名蚂蟥）和蚯蚓很类似，都生活在水中。水蛭也喜欢吸食人畜血液，因此遭人厌恶，但它却是渔夫喜爱的鱼饵。

有雌蚯蚓和雄蚯蚓吗

也有，也没有。每只蚯蚓都同时既是雄性，又是雌性。所以我们说蚯蚓是雌雄同体的。虽然同时拥有两种性别，每一只蚯蚓还是不能单独繁育后代，它们仍需找到另一只伴侣。两只蚯蚓交配之后，每只都可以产卵。

蚯蚓有心脏吗

蚯蚓的心脏不是一颗，而是好几颗！在澳大利亚生活着几种特别长的蚯蚓（有的竟然长达 3 米），它们需要 15 颗心脏来实现血液循环。

怎么才能更好地了解蚯蚓这种动物？毫无疑问，就是仔细观察它们。我们这就开始吧！

我抓到一只蚯蚓

蚯蚓喜欢较为松软和潮湿的土地，大部分的菜园、花园都可以满足这个条件。如果你认识的小伙伴家里有菜园，你可以问问他，是不是会经常在那里见到蚯蚓。记住，向有经验的人求教总是不会错的。如果你遇到一处潮湿松软的地面，可以挖一点土找找看。可以用一把小锄头或者小铲子做工具，甚至也可以用手，如果不想弄脏手的话，可以戴上一副园艺手套。

小提示

- 如果地面看上去比较干，可以浇点水湿润一下。
- 带上一只小桶，在里面装一点土，以便将蚯蚓放入桶内观察。
- 挖的时候要小心，不要伤到蚯蚓。
- 如果找到蚯蚓，建议你做随后几页内容里推荐的试验。

放大镜下的蚯蚓

将一条蚯蚓放在一张硬纸(比如牛皮纸或者卡纸)上，等着它在纸上爬行。

靠近一些，你会听到蚯蚓刚毛划过纸面发出细微的声响。同时，注意它的身体是如何前行的：靠的是肌肉的收缩与放松和刚毛的配合。

轻轻将手放过去，感受蚯蚓的环节。最好有一个放大镜，这样就可以看到更多的细节了。

蚯蚓没有腿，它们是如何行动的呢

蚯蚓身体的每一节有四对刚毛。它们爬行的时候肌肉首先收缩，刚毛随之从旁协助，就好像有了腿一样。

如果你做了左边所示的试验，就能把蚯蚓整个运动过程观察得很清楚了。

蚯蚓有鼻子吗

蚯蚓没有我们平时称作鼻子的东西，也没有肺，因为它们是靠皮肤来呼吸的。蚯蚓体表分泌黏液，大气中的氧气可溶解在这层黏液中，而呼吸产生的二氧化碳也是由体表的黏液排出至大气中。

大雨过后，地面上会出现一些小水洼，这时的氧气充足，蚯蚓便会纷纷探出地面来进行呼吸。

如果你做了右边所示的试验，就能证明蚯蚓有特殊的鼻子！

证明蚯蚓有特殊的鼻子

将蚯蚓放在一块湿布上。再请求大人的帮助，拿一块棉花蘸一点丙酮，把它靠近蚯蚓的头部。但是注意，一定要戴上手套，并且不要碰到蚯蚓！

现在再将这块棉花靠近蚯蚓的尾端，再放到它身体的两侧。

这时可以观察到蚯蚓在四个方向的反应都是一样的。

这是因为蚯蚓身体的各部位都感觉到了丙酮的气味。也就是说，它整个身体都是鼻子！

蚯蚓有什么用途

不知你是否了解，蚯蚓有许多作用。

- 许多动物都会把蚯蚓当作食物。比如灰雀、乌鸫、蝾螈（róng yuán）、獾和鼹鼠。
- 蚯蚓吃其他动物和植物形成的腐烂有机物，再将它们转化为养料排泄出去。蚯蚓的粪便里富含养分，可以被植物重新吸收，这对土壤的更新和肥田都大有益处。
- 蚯蚓挖“地道”就是在给土壤松土，这样水分和空气就很容易进入土壤，被植物吸收。

如今甚至有了一种特殊的工厂，在里面劳动的工人就是蚯蚓！它们做的工作叫做“蚯蚓堆肥”，虽然听上去有些奇怪，实际上蚯蚓要做的工作很简单：将垃圾转变为土地所需的肥料。

蛞蝓和蜗牛

蛞蝓和蜗牛有什么相似

蛞蝓(kuò yú)俗称鼻涕虫，它和蜗牛都属于软体动物，同属这个家族的还有章鱼、墨鱼、鱿鱼、贻贝、海螺、文蛤等等。

这些动物看上去形态各异，为什么属于同一家族

因为它们都没有脊柱，身体是软的，还都没有分节的身体。软体动物的身体分为三部分：头、内脏团和足。

为什么蜗牛的背上背着房子

首先，蜗牛藏在壳里是为了安全，这样就不容易被天敌吃掉了。此外天气热的时候，壳可以保护蜗牛的皮肤。要知道，如果皮肤被晒干的话，蜗牛可就一命呜呼了。

和我们的骨头一样，蜗牛的壳也是由钙质构成的。

内脏团。蜗牛的内脏器官藏在壳底下，比如心脏、肺等。

足。足挨着地面，由非常结实的肌肉构成。

蛞蝓为什么没有壳

这可是一个小秘密：大部分蛞蝓原本也是有壳的，只不过呢，从上万年前开始，蛞蝓的壳逐渐演化成了一片长在身子里面的小硬片，并且已经起不到保护作用了。为什么蛞蝓和其他一些软体动物的壳会这样演化，到现在还是一个未解之谜，但是有一种可能：这是为了更好地开拓新的自然栖息地。想想看，同样是进入一个狭小的空间，或是从枝叶、石头的缝隙间穿过，蛞蝓和蜗牛谁更困难呢？肯定是背着重重的壳的蜗牛。而蛞蝓就可以将它的身体挤扁，更轻松地穿过缝隙，占据蜗牛无法抵达的空间。

头。头部长有眼睛和触角。

寻找蜗牛的壳

小提示

- 在靠近栅栏或者蔓生植物的地方寻找。
- 注意蜗牛壳的花色、纹理差异，比如粗糙的还是光滑的。
- 按照壳的大小将它们排排队：年轻的蜗牛壳也小，因为它们的壳是随着年龄变大的。
- 最后，看看这些壳是朝哪个方向形成的螺旋，顺时针还是逆时针。如果是同一种类的蜗牛，壳的螺线往往也都朝同一个方向旋转。

凯丽斑蛞蝓
Geomalacus maculosus

是害虫还是稀有物种

大部分蜗牛都是有害的，它们会将路上遇到的植物吃光光。然而，有些种类的蜗牛却面临着绝种的危险，尽管它们繁殖起来一点也不难。比如，在葡萄牙马德拉岛有一种全世界独一无二的蜗牛，学名叫做“*Actinella carinofausta*”，就已濒临灭绝。同样，凯丽斑蛞蝓是一种仅仅在葡萄牙、西班牙和爱尔兰才能见到的蛞蝓，也是一种被立法保护的动物。这种蛞蝓遇到威胁就会全身缩作一团，这也是蛞蝓家族非常原始的一个特点。

用放大镜观察

有一些虫子形体非常之小，这就需要我们使用放大镜，以便更好地观察它们的细节，如花纹、颜色、眼睛、爪子、触角或者是触须（如果有的话）。

细心地观察所有这些细节，然后将你的发现画下来吧。

蜗牛有牙吗

蜗牛通常以植物为食，但是它们也会吃别的种类的蜗牛，甚至是禽鸟的粪便！

蛞蝓吃植物、苔藓、真菌，有些种类同时也食肉，它们会吃其他的蛞蝓、蜗牛、蚯蚓以及其他动物的残骸。

因此，蜗牛和蛞蝓的嘴巴里都有齿舌，它就像是用坚硬的橡胶做成的礤（cǎ）床。齿舌上分布着数排细小的牙齿，负责咬碎食物。

为什么蜗牛总是留下黏液

我们已经知道，蜗牛和蛞蝓都属于软体动物，它们有一个特点：经过之处总是留下黏液。

这种黏液有什么用途呢？让我们来分析一下。

观察蜗牛和蛞蝓的黏液

何时

雨停之后是观察的大好时机，因为蛞蝓和蜗牛都喜欢潮湿。

何地

找一个菜园、花园或一处荒地，试着在树下、石头下寻找蜗牛和蛞蝓。

小提示

- 可以的话就带上一个放大镜。
- 安静等候，观察蜗牛是如何行动的。你会看到它走得很慢，而且经过的地方留下了一道黏液。这道黏液使蜗牛可以行走在很光滑的表面上，就像有片树叶托着它，还不会滑倒。
- 蛞蝓可以产生两种黏液（甚至有时颜色都不相同）：一种帮助它行走，另一种保护皮肤，避免干燥。
- 如果天气比较热，试着将蜗牛放到一处比较光滑和干燥的地方，比如水泥地上。
- 注意，蜗牛用黏液画出的并不是一条连续的线，而是时断时续的。蜗牛会控制它的足，尽量节省分泌黏液，以防身体脱水。

眼睛在哪里呢

蛞蝓和蜗牛的头部都长有两对触角。眼睛位于高处的一对触角上，而低处的一对用来闻东西。这两对触角都可以收缩。此外如果触角断了，还可以再长出来！

你相信有丘比特吗

你可能不相信有爱神丘比特，可是他确实存在……而且会变身为一只蜗牛。

当一只蜗牛想对另外一只表达爱意的时候，就会靠近对方，射出一支“箭”。这种“箭”里含有液体，可以让心仪对象怦然心动，增加交配的机会，这种“箭”叫做恋矢或者阴茎。

与蚯蚓一样，蜗牛和蛞蝓也是雌雄同体的。它们交配过后各自都可以产卵。它们在地面挖一个小洞，卵就产在小洞里，数量通常一次会有几十个。

蜗牛宝宝一出生，身上就背有小房子了！

它们有几条腿

每次遇到小虫子，你都可以观察它有几只足。比如右图中的金龟子，它的身体两侧各有三条腿，没错吧?

只要你看到六条腿的虫子，就可以判断它属于昆虫。比如瓢虫、蚂蚱、蚂蚁还有蟑螂，它们都有六条腿。

不过相同的只是数目，昆虫的足在形状和功能上可是差别很大呢。（参见右页中一些足的种类）

金龟子

足的不同种类和作用

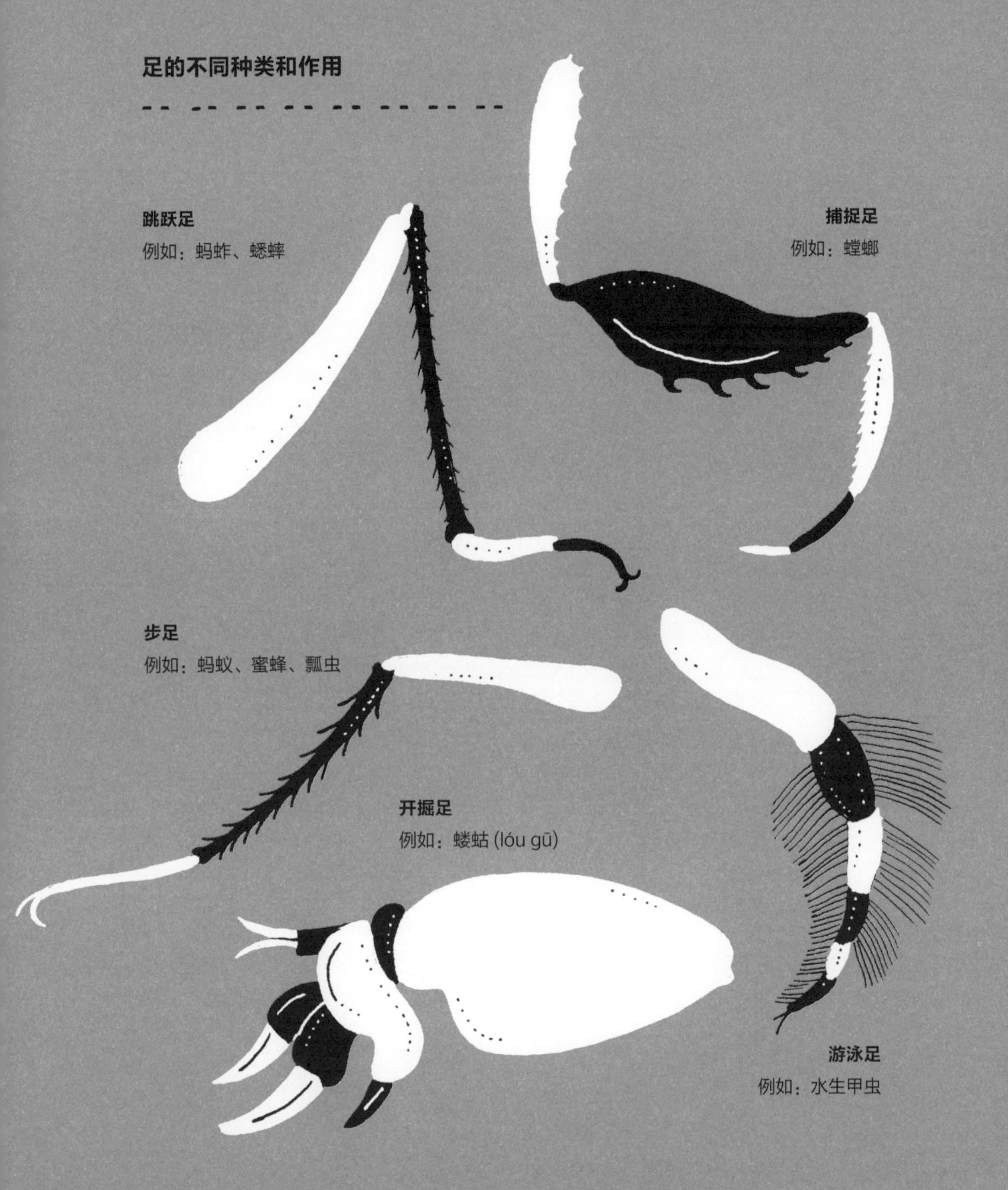

夜里去看萤火虫

萤火虫喜欢在暗处出没，它们用自带的“信号灯”来交流。如果外界灯光很亮，它们就看不到彼此用光发出的信息了。

在哪里找

葡萄牙许多地方都可以看到萤火虫，比如在加亚生态公园里。在阿拉比迪天然公园、辛特拉－卡斯凯什自然公园，以及北方沿海也都生活着萤火虫。有天然植被的地方更为多见，当然了，在花园和菜园里，也可以见到萤火虫一闪一闪地飞来飞去。

隐蔽、黑暗、靠近地面的植物丛是萤火虫最青睐的地方哦。

何时

从暮春到整个夏天都是萤火虫出没的季节，可是，要看到它们往往也不是那么容易。多找找，你就会知道，在暗处！

趣闻

你知道吗，有些萤火虫的卵也会发光呢。

蚂蚁和其他昆虫

我们这颗星球上种类最繁杂的动物家族是哪个？答案就是昆虫。

地球上昆虫的种类实在是太多了，以至于科学家无法确定它们的总数。有的认为有 500 万种，有的认为有上亿种之多！直到如今，我们可以确认的大约有 100 万种，但是我们知道，还有不计其数的昆虫种类等着被发现呢。

和我们前面谈到的一些软体动物相反，昆虫的身体是硬的，因为它们穿着一层坚硬的“铠(kǎi)甲”。这层硬硬的壳包裹住了身体，叫做外骨骼。

昆虫数量繁多，几乎随处可见。我们这就去找找看！

小蚂蚁，你在哪里

我们这就出发去找蚂蚁吧。树洞里、植物的枝叶上、地面上…… 它们太小了，所以我们一定要非常留意哦。

遇到了一只蚂蚁？那我们来好好观察一番。蚂蚁的体表是光滑的，通常会是黑色、棕色或者是暗红色。

与蚯蚓和蜗牛相反，蚂蚁的体表不是软乎乎、黏糊糊的，而是硬硬的——对了，这是它的外骨骼。

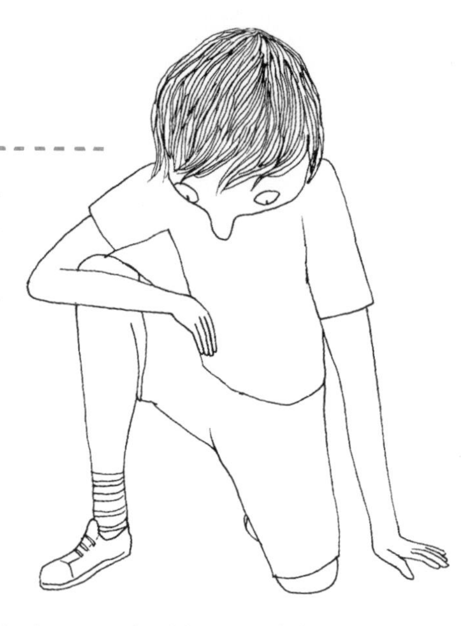

蚂蚁

为什么蚂蚁之间用触角互相触碰

蚂蚁的触角是有节的，节节相连。它是蚂蚁的感觉和嗅觉器官。靠着两只触角，小蚂蚁可以感觉到气味传来的方向，这可是非常重要的能力。

当两只蚂蚁碰面的时候，它们会用各自的触角相碰，感觉对方的气味，通过这种方式它们可以进行沟通。比如，如果一只蚂蚁饿了，就释放一种气味，另一只就会懂得。甚至感到饥饿的这只蚂蚁会发出信号，让另一方吐出一些食物来让它食用。这是不是有些奇怪？不过对于蚂蚁而言，这可并不奇怪哦。

许多其他种类的昆虫也有触角，一般来说，它们都有一个基本的功能：嗅觉。有的昆虫的触角很大，它们（比如一些夜间出没的蝴蝶）甚至可以嗅到几千米以外传来的气味！

给蚂蚁喂食

注意

不要试图把食物丢进蚁穴里，也不要挡住出口！

把一些面包、饼干渣或者非常细碎的水果粒丢到蚂蚁周围，然后就等着欣赏它们精彩的集体表演吧！

在蚁穴附近绘制一幅地图

当蚂蚁从蚁穴出来时，你就跟着它们，在地上用粉笔标出它们的路线。向朋友介绍一下蚁穴附近的路线有哪些，观察它们的路障是什么（它们往往会绕开这些障碍物），你还可能发现蚁穴新的入口呢。

蚁穴里的生活是什么样的

蚁穴里有一个蚂蚁的社会，而且是非常井然有序的，每一种蚂蚁都担任着各自专门的职责。

一个蚁穴里通常有以下这些种类的蚂蚁：

- 蚁后（图❶）。蚁后的体型通常大过其他所有的蚂蚁。它的一生都在不停地产卵；
- 工蚁（图❷）。负责蚁穴日常生活的维护和防卫；
- 一些蚁穴里也有兵蚁（图❸）。体型较大、较强壮，在有入侵者的时候保护蚁穴；
- 雄蚁（图❹）。负责与蚁后交配繁殖。

蚁穴里结构非常复杂，分隔出了许多空间（就像我们的房间一般）。

- 食品间（图❺）。蚂蚁在这里存放种子以及其他食物，还会放一些植物的叶片。你知道这是做什么用的吗？原来呀，一些种类的蚂蚁会在这些叶片上培养真菌类来食用呢！

◦ 育婴房（图 ❻）。工蚁把蚂蚁蛹安置在这里，等着它们发育成蚂蚁宝宝。

◦ 储藏室（图 ❼）。一般位于蚁穴的尽头，蚂蚁在这里放置废弃物，比如碎叶子和蚂蚁的尸体。它们可是非常讲卫生的！

◦ 有的蚁穴里还有“战备室”（图 ❽）。这里有伪装的隧道，这样一来，万一受到别的蚂蚁入侵，可以用来迷惑入侵者。

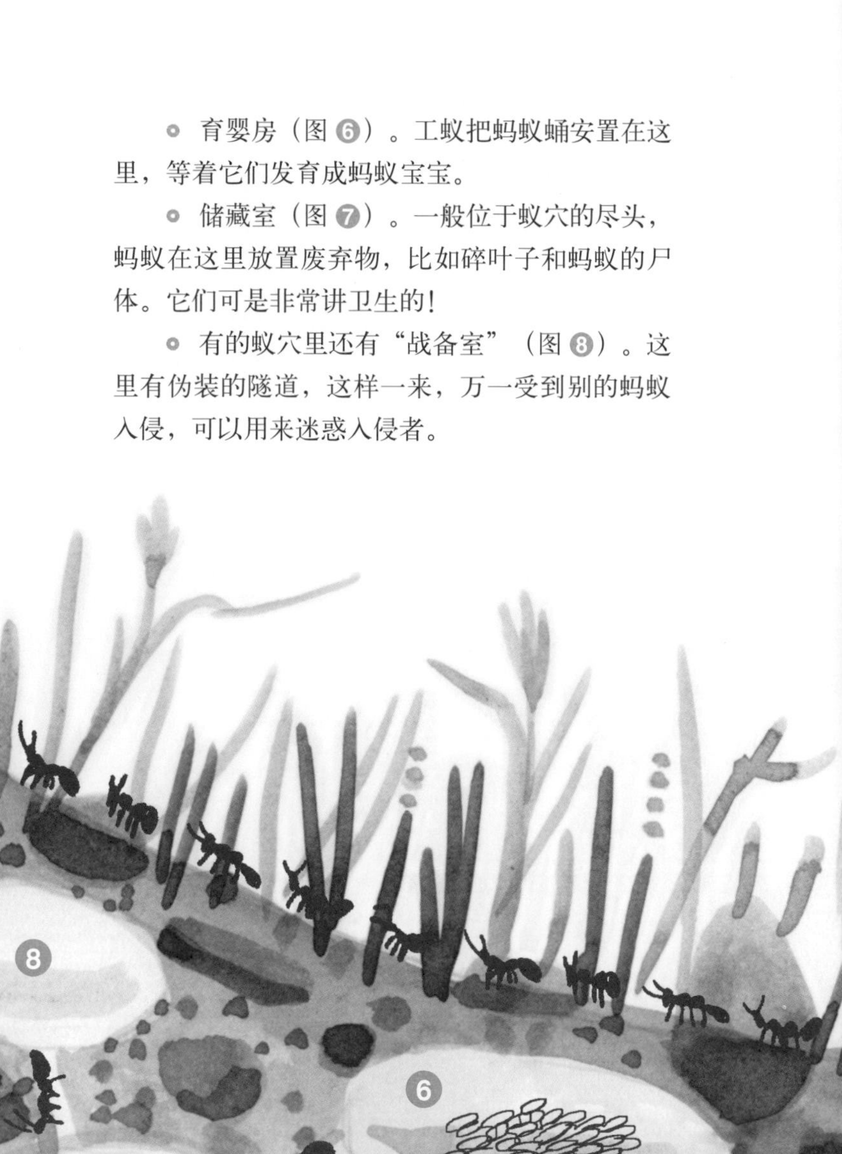

为什么有些蚂蚁有翅膀

只有具有生殖功能的蚂蚁（雌性和雄性蚂蚁）才会有翅膀。有时候，我们会看到成千上万的蚂蚁从蚁穴中飞出，这种飞行叫做“婚飞”，目的是为了繁殖后代，并且形成新的蚁穴。交配之后，它们便会失去翅膀。雌蚂蚁变为新的蚁后，而雄蚂蚁则一命呜呼了。也就是说，翅膀的作用是帮助它们飞离旧的蚁穴，找到新的地方建设一处新家，开始新的生活！

寻找不同种类的蚂蚁

我们很少有机会看到一只蚁后，因为它总是安居于蚁穴的中心，代表着蚁群的未来。但是你可以试着区分一下兵蚁和工蚁。这些“士兵”（兵蚁）的头部和上颚部位大于普通工蚁，并且经常在蚁穴入口处执勤。

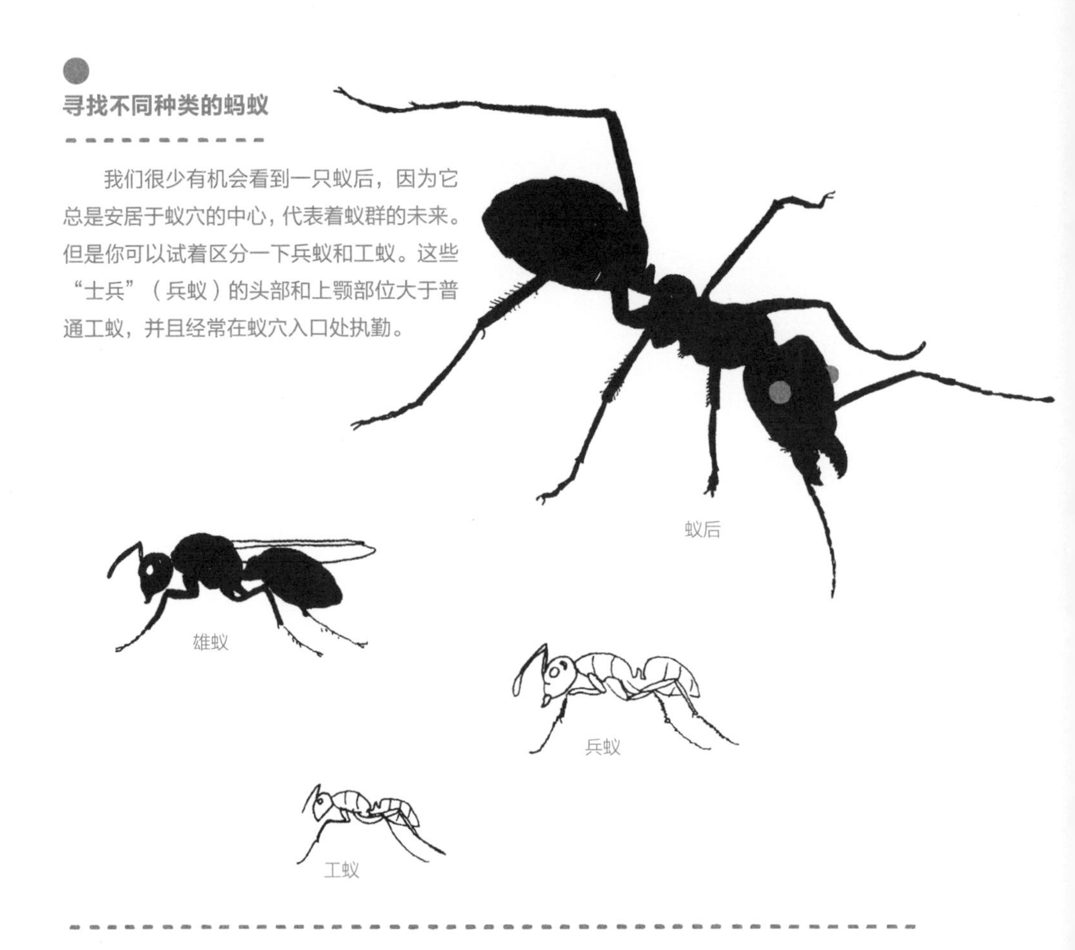

夏天，蚂蚁在工作，而蝉却只是唱歌。真的是这样吗

蚂蚁整个夏天都在劳作，而蝉却终日在唱歌，确实如此，但是这并不能说明它们谁勤劳谁懒惰！

只有雄性的蝉才会唱歌，而这歌声是为了吸引雌性蝉。如果某一只蝉小姐为某位蝉先生美妙的歌喉所倾倒，就会靠近它，进行交配。

原来，大自然里的一切都是在各司其职啊。

现在你就懂得了，为什么蝉的歌声那么高亢，能把我们从梦中吵醒；而有些种类的蝉鸣唱的声音非常尖锐，不仅我们人类的耳朵难以忍受，甚至有时连狗都会焦躁地狂吠起来！

蝉的歌声太刺耳了，连它们自己都要把自己的耳朵保护起来呢。雄蝉和雌蝉的鼓膜都是折叠的，这样耳朵的内部就不会被噪音损伤了。

如果你想抓一只蝉，而它飞走了，看看它会不会释放出一种液体。别担心，它不是在撒尿，这只是水或者体液。一些生物学家认为，蝉在逃跑时会用这种方法减轻体重，让自己变得更轻巧敏捷。

用色彩吸引昆虫

想要吸引昆虫吗？告诉你一个小窍门——

在阳光下放置一些彩色的塑料盘子（红的、黄的、蓝的），里面再放几滴水。之后你就坐在那里等着看它们上钩吧，它们是被色彩和水吸引来的哦。

何处

在一处花园、菜园或者田地里。

何时

选一个春光明媚、阳光普照的日子。

蝉

为什么蚂蚁从不离开自己的路线

蚂蚁通过释放一种叫做外激素的化学物质来实现彼此联络。例如，当一只蚂蚁发现了食物，除了会尽量把它搬运到蚁穴门口，还要通知其他的蚂蚁，告诉它们应该到哪里去搬运这新的食物。蚂蚁通知同伴的办法就是在路上留下外激素，这样其他的蚂蚁就可以按图索骥了。

当其他的蚂蚁也赶去放置食物的地方，它们也会在途中留下外激素。去的蚂蚁越多，留下的气味就越重，也就会有越来越多的蚂蚁被吸引来——我们就会看到一支浩浩荡荡的蚂蚁搬运大军了。现在你明白了为什么蚂蚁总是排着队走，因为它们是跟随着“前人”留下的气味行进的。

入侵者

我们前面已经讲了，蚁穴里结构复杂，应有尽有：培育蛹的育婴室、存放食物的储藏室、蚁后的房间，甚至还有战备室！

蚁穴不仅能为蚂蚁遮风挡雨，而且还冬暖夏

写日记来记录蚂蚁的生活

坐在一个蚁穴旁边仔细观察：蚂蚁出入蚁穴的情景、搬运食物的场面以及一些意外的情形。可以用短到几十分钟、长到一星期的时间来进行观察，然后在日记中记录下来，尤其是那些特殊的场景（比如下雨天）。

观察蚂蚁的路线

找到一个蚁穴，或者蚂蚁经常出没的一条路线。观察蚂蚁是如何行走在路线上的，它们是否会离开路线、可否用触角互相触碰来“交谈”？

在蚁穴或者蚂蚁的路线附近放一点它们喜爱的食物，比如甜食，看看会发生些什么，蚂蚁会找到它们的点心吗？

凉、空气流通。既然如此舒服，就免不了有别的小动物也想住进去。事实上，还真有动物在里面“借住”呢！

这些入侵者有臭虫(图❶)、金龟子（图❷）、苍蝇（图❸）、蛾子（图❹）和蜘蛛（图❺）等等。为了免受蚂蚁的攻击，这些小动物会借用蚂蚁的气味把自己伪装起来。那么它们是怎么做到这一点的呢？

这些“房客”中的大部分天生就会模仿蚂蚁的气味和行动，另外一些则会找到一些死去蚂蚁的尸体，提取这些尸体表面的一种化学物质，再把它涂抹在自己身上。这样一来，当蚂蚁从这些入侵者的藏身之处经过时，就察觉不到它们的异类身份啦。

蝴蝶

如果你能够成功接近一只蝴蝶，不妨数一数它有几只足，看看是不是6只？如果是，就和其他种类的昆虫一样。你也会搞清楚它身体各个部分的细节。

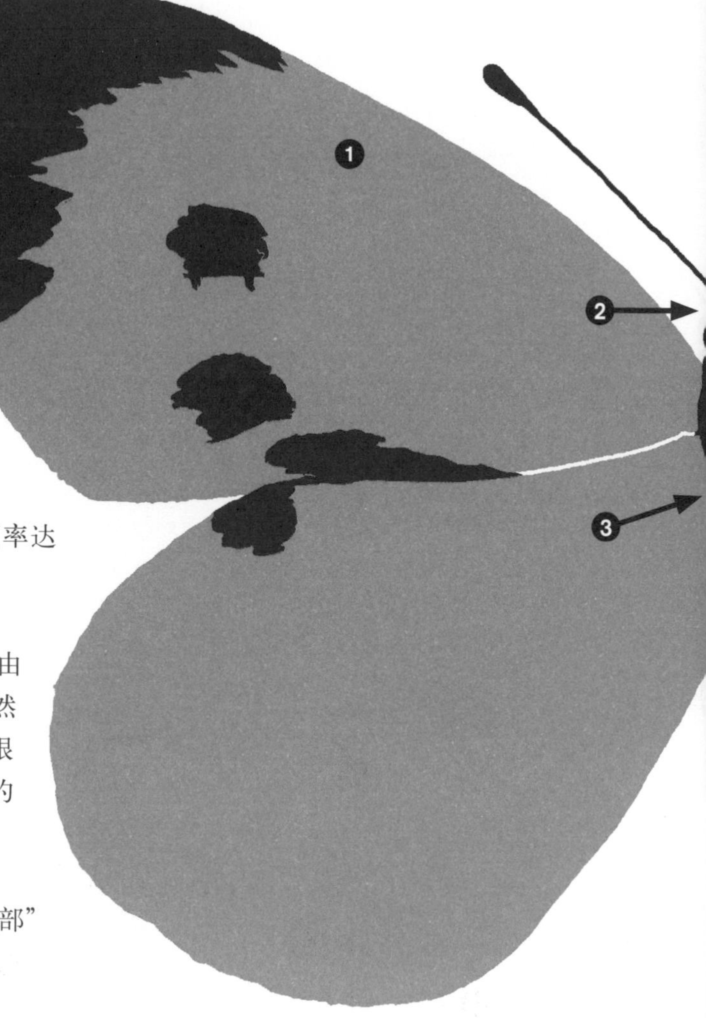

大翅膀的蝴蝶几乎不需要扇动翅膀(图❶）就可以飞行很长的距离，而翅膀小的蝴蝶就需要努力振翅飞行了（有些蝴蝶翅膀振动的频率达到了每分钟80次）。

蝴蝶的眼睛（图❷）由上千个小的单眼组成。虽然如此，蝴蝶的视力并不是很好，它们看不清移动较慢的物体。

有些种类的蝴蝶在“腹部”长有“耳朵”（图❸）。

蝴蝶的触角（图❹）起到鼻子的作

用，它们的位置有点“偏远”，所以有时候蝴蝶不能很好地分辨出不同气味传来的方向。

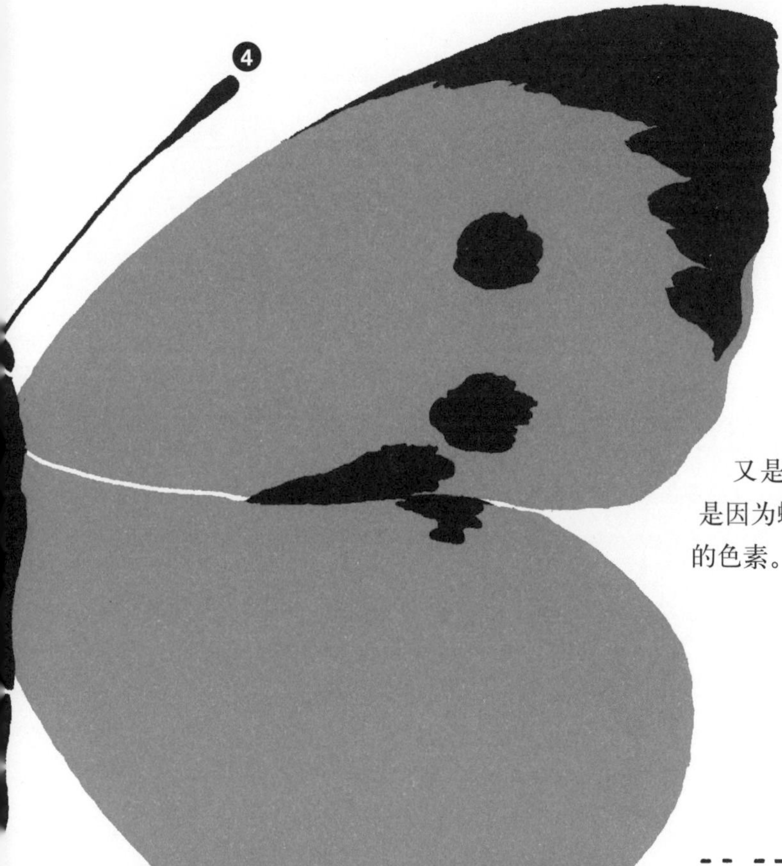

4

蝴蝶的嘴是“虹吸式”的，就像一根小小的吸管。当它休息的时候，嘴巴是卷起来的；当蝴蝶发现了花蜜，它就把吸管展开来美美地吮吸！

蝴蝶的五颜六色又是怎么形成的呢？这是因为蝴蝶的蛹会提取植物的色素。

蝴蝶是怎么长大的

首先，蝴蝶会产卵。卵变为幼虫，然后会大量进食，变为蛹（蛹通常会被一层茧保护起来）。下一个阶段就是破茧化蝶了！蝴蝶这四种形态演变的过程叫做变态发育。

出发去观察蝴蝶

何时

观察蝴蝶最好是在 3 月到 9 月之间，因为这是一年中阳光最充足、花儿最繁茂的时节。要知道蝴蝶最喜欢的事情，莫过于在阳光下飞舞，于花朵间流连了！

要挑选一个风和日丽的日子，因为蝴蝶对风雨也是很敏感的。

最好的时间段是 11 点到 16 点。

何地

在一处鲜花盛开的地方漫步，同时留意观察。

做些什么

每当你看到一只蝴蝶，就记录下它的颜色。最后你就得到了每一种颜色的蝴蝶只数。然后你可以研究一下，这些不同颜色的蝴蝶分别属于哪个种类，也许能够得出一些有趣的结论呢。

你可以参考本书中列出的蝴蝶种类（参见水彩画页）。

两栖动物

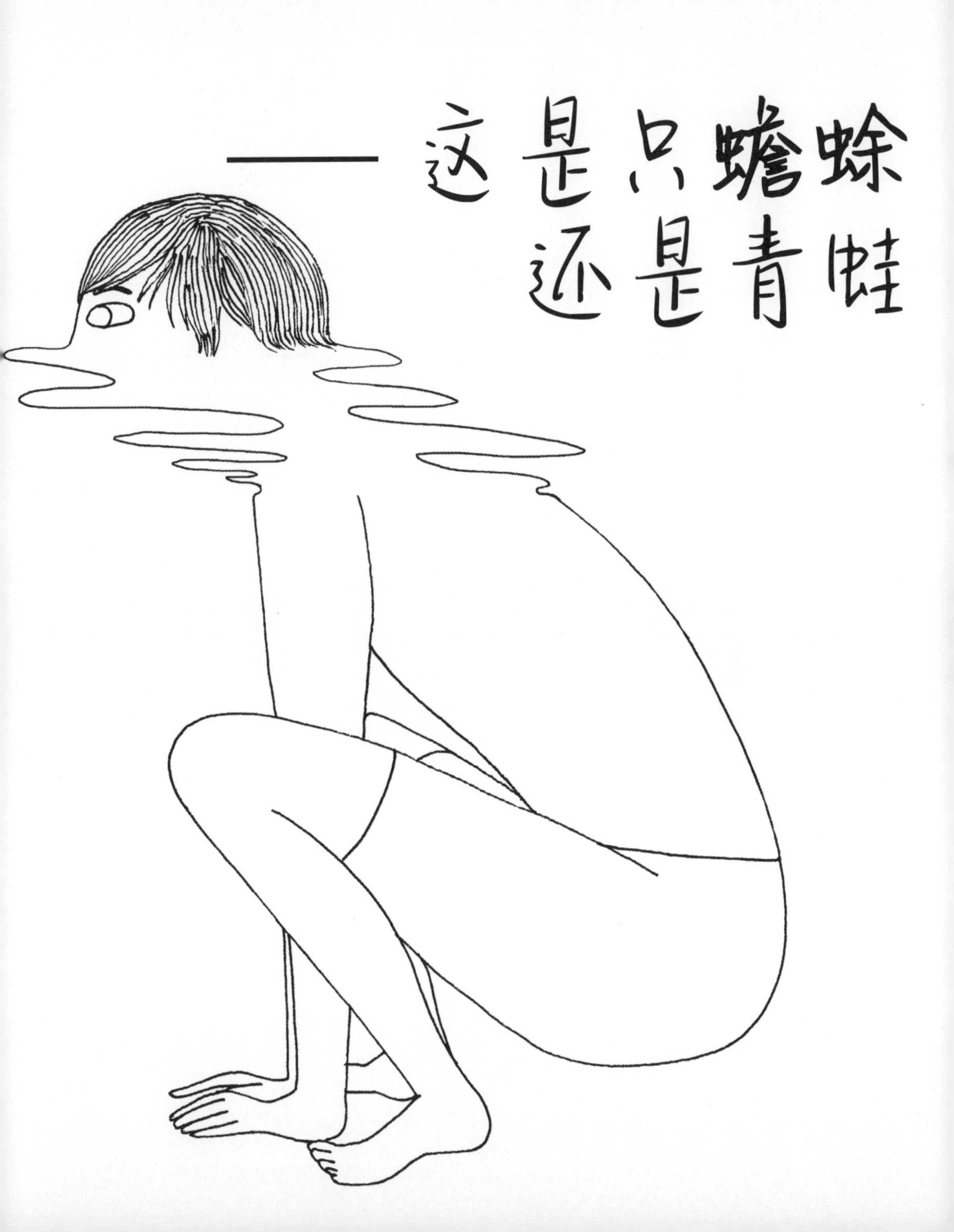
——这是只蟾蜍
还是青蛙

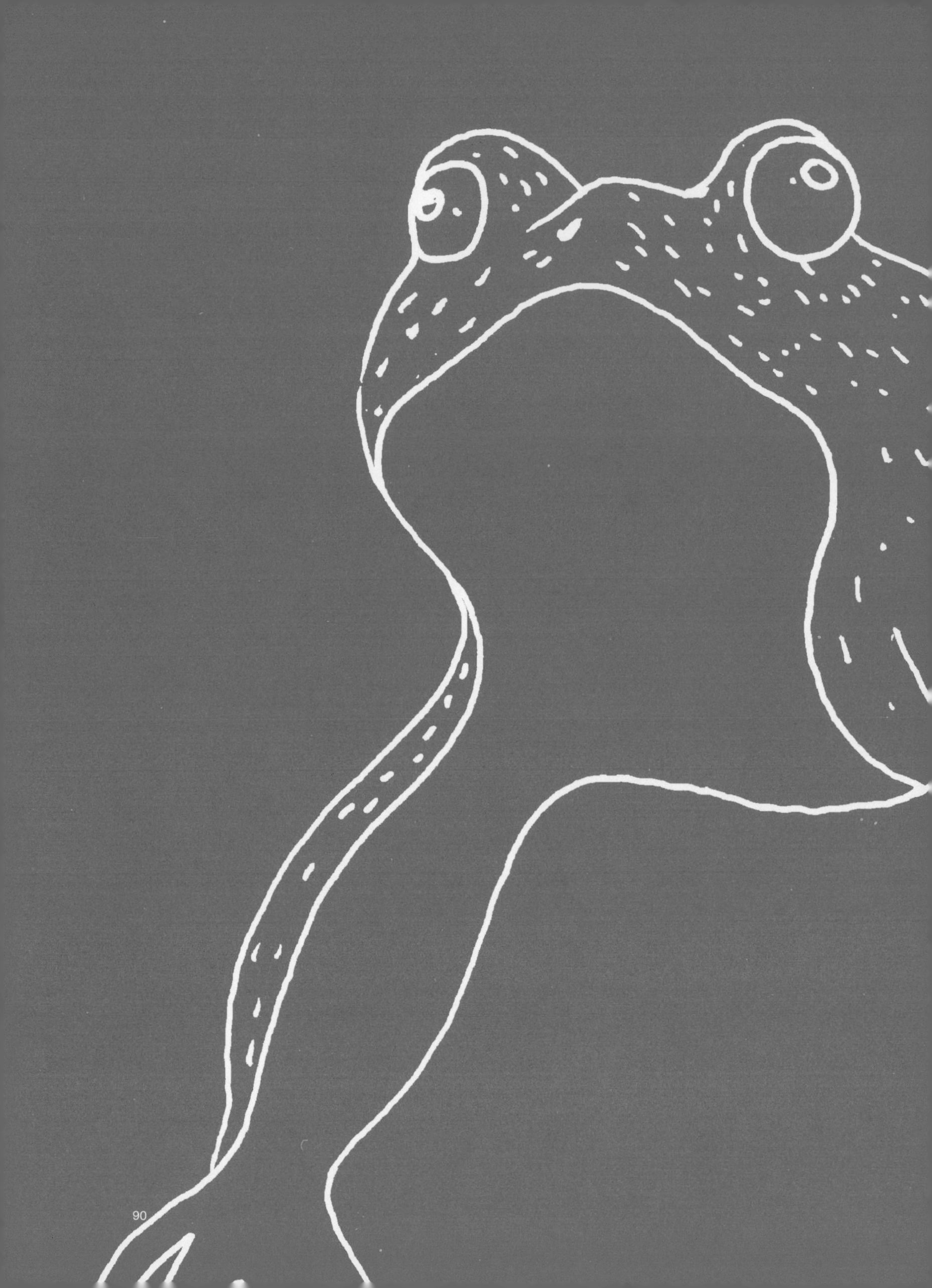

你也听到了吗？
是蟾蜍，对吗？
还是青蛙？
夏天的晚上是它们在叫个不停吗？
它们彼此之间是在随意对唱吗？
它们是在为小蝌蚪吟唱催眠曲吗？

一切皆有可能……
让我们来听取这一片蛙声吧。

两栖？这是什么动物

“两栖”这个词来源于古希腊语，意思是“两次生命”。那么两栖动物真的可以活两次吗？也许吧。

其实，所谓的“两次生命”是这样的：蟾蜍(chán chú)和青蛙小的时候都叫做蝌蚪，它们生活在水里，像鱼那样呼吸。但是，随着时间慢慢地流逝，它们长大了，尾巴脱落，鳃也变成了肺，就离开水上岸生活了。所以也可以说，它们就好像经历了两次生命一样，一次在水里，一次在陆地上。

想更好地了解它们吗

蛤蟆是对蟾蜍和青蛙这两种动物的泛称。蟾蜍俗称癞蛤蟆。

蛤蟆的皮肤是赤裸的，没有绒毛也没有壳，细嫩而且渗透性好，这样有利于水分和氧气透过。因为它们主要是依靠皮肤呼吸的，它们的肺结构简单，功能不是很强大。

大部分蛤蟆昼伏夜出，因为夜间的气温更为凉爽，也没有让它们的皮肤暴露在阳光下的危险，这样它们就不怕皮肤被晒干了。

知道吗，蛤蟆和蛇一样会蜕皮。
当皮肤老化，它们就用爪子把它褪下来，有时还会吃了它呢！

蛤蟆的鼻孔和眼睛长在头顶，朝着天。这样，就算它们的身体浸在水里，眼睛和鼻孔也可以继续露在外面。

蛤蟆的牙齿都很细小，有的青蛙甚至没有牙齿，但是它们的口咽腔非常发达，有助于吞咽食物。

有些种类的蛤蟆可以把舌头伸出老远来捉取食物，这种伸缩性强的舌头能起到很大的作用。

蛤蟆没有外耳，它们的耳鼓长在脑袋两侧。找找看，在眼睛后面的区域里是不是有两个小圆圈？它们听得很清楚！

蛤蟆跳跃能力很强，有些种类可以跳出相当于它自身长度的二十多倍的距离。这要归功于它们特殊的腿：后腿远远长过前腿，这帮助它们在跳起来的时候保持平衡，也因为这个原因，蛤蟆看上去似乎总是在坐着……

黄斑蝾螈

为什么有的两栖动物色彩相当艳丽

两栖动物艳丽的色彩是有目的的，它们用这些炫目的颜色来警告天敌："瞧见没有，我多鲜艳！我一点也不好吃，还可能有毒！"

黄斑蝾螈就是这样，它们通体黑色，上面有鲜艳的橙黄色斑纹（有时是鲜红色），它们的毒腺（眼睛后面的凸起）位于头部，会分泌毒素。有时候，蛇误吞了蝾螈，会立刻把它吐出，因为蝾螈的毒令它的身体不舒服！

葡萄牙的两栖动物是没有毒的，但是它们分泌的物质会引起我们的眼睛不适，所以，如果触碰到了两栖动物，就要立即洗手。

知道毒素来自哪里吗

两栖动物几乎所有的毒素都来源于吃到肚子里的昆虫。

两栖动物趣闻

大鲵

世界上最大的两栖动物：中国的大鲵(ní)（娃娃鱼），有的长达两米！

世界上最小的两栖动物：生活在巴布亚新几内亚森林里的一种微型蟾蜍，它只有 7.7 毫米长，也译作阿马乌童蛙。它同时也是世界上最小的脊椎动物。

微型蟾蜍

有一种青蛙的名字“alytes”来源于拉丁语“allium”，意思是“大蒜”。为什么呢? 因为当它们受到侵犯时，会发出一种浓烈的大蒜味来御敌。

玻璃蛙的身体几乎是完全透明的。透过它腹部的皮肤，我们可以看到它的内脏和肠胃。它们生活在厄瓜多尔，但是正面临着灭绝的危险。

玻璃蛙

箭毒蛙

毒性最强的是生活在亚马孙雨林中的一种小型箭毒蛙。当地的印第安人借助它的毒性来狩猎。他们只需将弓箭头在这种剧毒蛙的身上蹭一蹭，就足以让中箭的大个子猎物中毒了。

8
7
1
6
5

这么难闻，谁会喜欢吃它们呢

尽管两栖动物往往很难闻，它们还是有不少天敌：

- 水蛇（图❶）吃蟾蜍（图❷）和青蛙（图❸）的幼体蝌蚪（图❹）；
- 河里的鱼类（图❺）也吃许多种两栖动物的幼体（图❻），在有些地方甚至会引起这些两栖动物的灭绝；
- 还有一些以两栖动物为食的动物，比如鹳(guàn)（图❼）、猫头鹰（图❽）和白鼬(yòu)（图❾）。

你知道捕食者中还有谁吗？还有两栖动物自己！

比如说黄斑蝾螈，有时候它们还会互相食用！

说到食物

知道两栖动物吃什么吗

两栖动物主要是肉食动物，也就是说，它们以别的动物为食，比如蜘蛛、蚯蚓、昆虫等等。然而当它们还是幼体（如蝌蚪）的时候，它们主要是食草动物。

两栖动物大不同

在葡萄牙只有两大类别的两栖动物：无尾目和有尾目。在某些热带地区，生活着另外一个类别：无足类（这种两栖动物既没有尾巴，也没有腿，就好像蚯蚓一样）。在巴西，它们还有一些名字，比如蚯螈或者大蚯蚓。

学会辨别无尾目和有尾目

无尾目的两栖动物没有尾巴，后腿比前腿长，所以后腿经常弯曲着，看上去总像在坐着。这一类别的有蟾蜍、青蛙，还有一种生活在森林里的小蛙——树蛙。

有尾目的有尾巴，后腿和前腿几乎一般长，比如蝾螈。

理纹欧螈

有人唱歌有人跳舞，所有人都恋爱

在寻找伴侣的时候，两栖动物也是各怀绝技：青蛙和蟾蜍愿意一展歌喉，蝾螈则喜欢跳上几步舞。

不同种类的蟾蜍和青蛙都会用特别的歌声来吸引伴侣。因此在春秋两季的夜晚，每当骤雨初歇，就可以听到雄蛙放声高歌，它们这是在取悦心中的女神呢！

雄性蝾螈则会跟着自己心仪的雌性，在它们面前跳着步伐重复的求爱之舞。

在葡萄牙生活的一类蝾螈是在陆地上起舞求偶的，其他的蝾螈则都在水里跳舞，这使得观察它们变得更加困难。

在求偶期间，许多种类的雄性会变得更加漂亮帅气，比如色彩会更加艳丽，或者沿着背部长出漂亮的冠子来。

捉青蛙

在春秋两季，你可以到附近的一个池塘或者小河边，试着用网捕捉一只青蛙。

可以是青蛙，或者是蝾螈、蝌蚪，也可以是其他水里的小昆虫。

在观察之后，不要忘记把它们送回大自然的家里。

别忘了

青蛙是冷血动物，所以有些种类在冬季要冬眠。而另外一些种类的青蛙在夏季也要睡上长长的一觉，叫做夏眠。

听一场两栖动物上演的夜间音乐会

为了吸引到伴侣，一些两栖动物会纵情高歌！

这时，可以约朋友一起去听一听，趁机观察一番。

何时

当然是夜间了！最好的季节是在一月到三月，因为这时雨水密集，是两栖动物繁殖的大好时节。

何地

湿润的地方。湖泊和池塘是最佳场所。

在这个网站上，你可以找到葡萄牙全国所有池塘的位置：

www.charcoscomvida.org

小提示

- 一场大雨过后出门，两栖动物将会非常活跃。
- 穿上雨靴或者其他不透水的靴子。
- 因为天黑夜冷，请带上一件厚外套和一个手电筒，看好脚下的路。而且，一定要有成年人陪伴。
- 用一个小型录音机录下蛙鸣声，随后可以在另外一个地方播放，看看会不会得到其他青蛙的回应。另外，你也可以听听录制了不同种类两栖动物叫声的 CD。

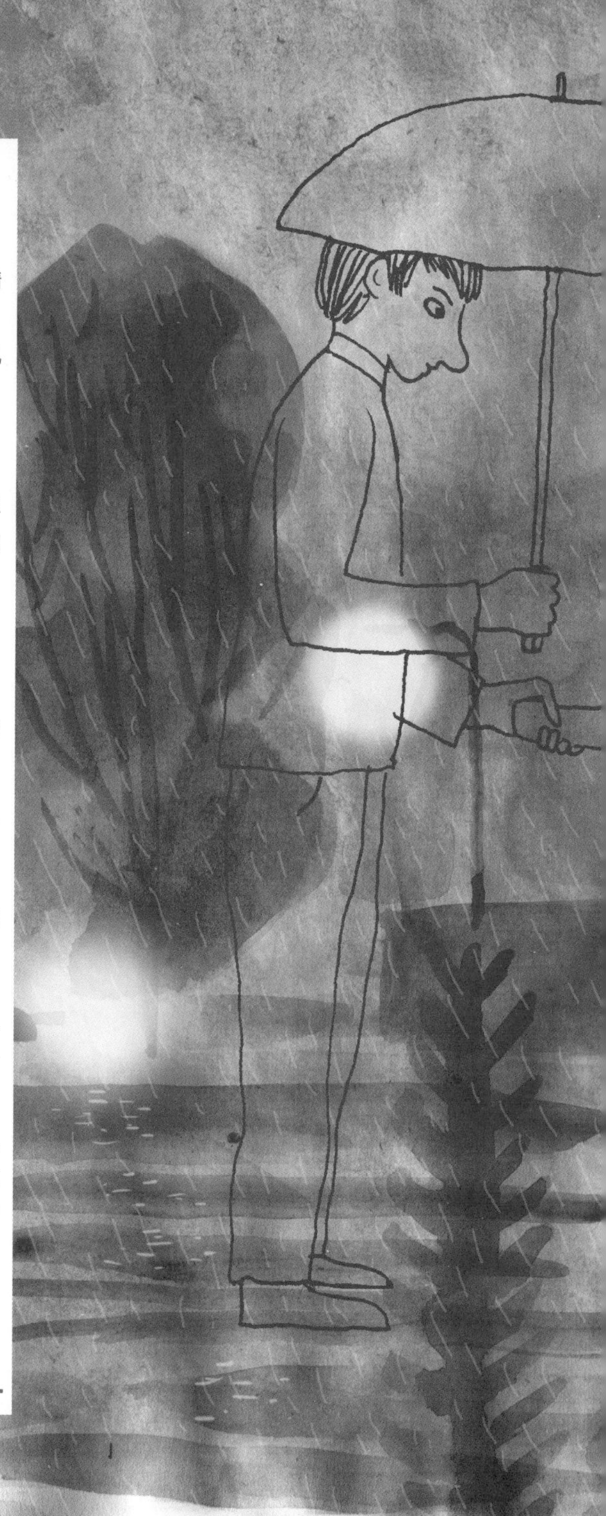

下蛋的不都是母鸡

几乎所有的两栖动物都会产卵。

各种蟾蜍、青蛙、蝾螈几乎都是卵生动物，也就是说，它们把卵产在体外，幼体在卵内生长，直到发育完成。

但是它们产卵的方式也有区别：蟾蜍和青蛙一次产卵的数量很大，而蝾螈一般只产数量很少的卵。

在葡萄牙的两栖动物里，只有黄斑蝾螈是卵胎生。卵胎生的意思是幼体虽是在卵里，但卵在妈妈的肚子里孵化。

如何通过卵来辨认两栖动物

绿疣蛙

产的卵为深色，外面有一层透明的胶状微粒包裹着，许多这样的卵形成一条短而宽的带状。

池蛙和伊比利亚蛙

产的卵为灰白色或者棕色，外面有一层透明的胶状微粒包裹着，聚集成很大的一团。

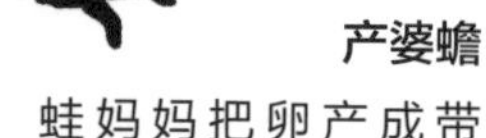

产婆蟾

蛙妈妈把卵产成带状，而蛙爸爸则把它们卷起，用后腿携带到岸边守护，直到它们孵化出来。

险境：蛙类消失的秘密

近些年来，科学家发现，在全世界的范围内，许多种类的两栖动物正在消亡。这个问题叫做“生物大消亡／大灭绝”，导致这个现象的确切原因还无法认定，但是下面几点可以作为参考。

◎原因之一：自然栖息地的损毁。没有了居住和觅食的地点，两栖动物自然就无法生存。

◎原因之二：新天敌的出现。也就是说，在两栖类的自然栖息地里，出现了新的以它们为食物的动物。之所以出现这种现象，一个重要原因在于人类经常把一些其他自然栖息地的物种引入到当地的自然栖息地去。例如，在葡萄牙的一些河流中，曾经被引进过原产于美国的克氏原螯虾（即我们常吃的小龙虾）。这些克氏原螯虾吃了许多当地两栖动物的卵。而这些生存在葡萄牙的两栖动物由于不“认识”克氏原螯虾，看到它们也不知道逃走，于是很容易就被捕食了。

◎其他原因：真菌或病毒引起的疾病、环境中有毒物质的增加、气候变化的影响等等。

为什么这些外界因素对两栖动物的影响大于其他动物

因为它们的皮肤渗透性很强，各种物质很容易渗入体内。例如，当水被污染，有害物质就会轻易地透过两栖动物的皮肤，进入它们体内。空气中和地面上的毒素以及真菌也是如此。生物学家已经发现了这个问题，他们正在研究如何拯救处于险境中的两栖动物。最早被研究的动物之一是金蟾，它们曾经生活在哥斯达黎加，不幸的是，现在已经灭绝了。

蟾蜍还是青蛙

一眼看上去，蟾蜍和青蛙并不是那么容易分辨。通常，人们把皮肤相对光滑、生活在水边的称作青蛙，而把皮肤比较粗糙，更多生活在陆地上的叫做蟾蜍。可实际上，青蛙和蟾蜍同属于一个大家族，科学家并不认为它们之间存在着本质的区别。

比较容易辨认的是一种林中生活的树蟾，它们的足上有吸盘，因此它们个个都是攀爬高手。

蟾蜍

树蟾

一些有趣的种类

强刃锄足蟾

这种青蛙在后足处长有一种黑色的胼胝（pián zhī），因此得名。这样它们就可以在沙滩上迅速地挖洞，以躲避天敌，并且还可以防晒，让自己在旱季得以生存下来。

黄斑蝾螈

也叫做“火焰蝾螈”，传说它们是从篝火的火焰里出生的。这种动物经常藏在柴火堆里，这也许就是它们出身传说的来源吧。不过，当人们去点燃柴火的时候，它们就会跑出来了。当然了，没有谁喜欢被烤，即使是一只火焰蝾螈！

有人愿意亲吻一只青蛙吗？最好还是不要这样做。青蛙还是青蛙，如果你吻了它，嘴唇可能会发痒，但它可不会变成王子！

一些常见和特殊的两栖动物

葡萄牙分布有17种两栖动物，包括11种蟾蜍和青蛙，3种欧螈和3种蝾螈。而在中国有400多种现生的原生两栖动物物种。中国的两栖动物物种多样性很丰富，位列巴西、哥伦比亚、厄瓜多尔和秘鲁之后，排世界第5位。中国在特有物种保护方面也有重要地位，现生物种中有215种为中国独有。

最常见的种类

池蛙

池蛙是十分常见的两栖动物之一。*与其他蛙类相反，它们在白天很活跃。顾名思义，它们的身体是绿色的，也有棕色的。它们喜欢任何有水的地方，无论是一条河、一个湖泊，还是一个池塘，或者一个小水井。它们生存能力很强，甚至能在水质有些污染的地方存活。池蛙的寿命可达10年。

雄性池蛙的嘴巴两侧有两个小口袋，这是声囊，它们唱歌时的“呱呱”声就是从这里发出来的。雌性池蛙一次可以产多达1万个卵。有的卵会落入水中，有的会附着在水生植物上。用不了几天，小蝌蚪就出现了，再过一些时间，它们就脱掉尾巴，长出足来了。

黄斑蝾螈

前面我们已经讲过，这种蝾螈通体黑色，长着鲜艳的橙黄色（或者是红色）的斑纹。不过，每一只蝾螈的花纹都是独一无二的，就好像数码印刷的一样。它们多生活在山地，喜欢潮湿，当然要住得离水近一些，好把蛹放在水里（它们是卵胎生动物）。夜间是它们活跃的时候，经常缓慢地走在潮湿的落叶间（因为它们走得太慢了，有时候会被踩到）。生活在大自然里的蝾螈最多可以活20年左右，但是养殖的有的可以活到50年！

*注：葡萄牙的两栖动物里，数量最多的是池蛙。

一种特殊的蝾螈

金纹蝾螈生活在葡萄牙西北部和西班牙北部，除了这里，世界上其他任何地方都难寻它的踪迹，因此对它的保护就至关重要了。不幸的是，在葡萄牙它们被划为濒危物种，数量极少，面临着灭绝的危险。

金纹蝾螈体型细长，颜色金黄。它们喜欢在山里的橡树林或者沼泽里生活，不过最重要的是，要有洁净的水源。

许多地方本来是它们理想的自然栖息地，但是都被人为破坏了。例如，一些天然林（生长的都是葡萄牙本地的树种）被改成了桉树林，这样一来，蝾螈喜欢吃的一些昆虫就没有了。此外，桉树叶子会产生一种对蝾螈有害的物质。

蝾螈的避敌绝招

金纹蝾螈有一种特殊的本领：和大部分两栖动物相反，它们在遇到天敌时会主动断掉尾巴。这样，当对方正咬着尾巴洋洋得意之时，它们就趁机逃跑了！动物界这种主动放弃身体的一部分来保命的现象叫做“自割”。

金纹蝾螈

树

——让我们坐在浓荫下

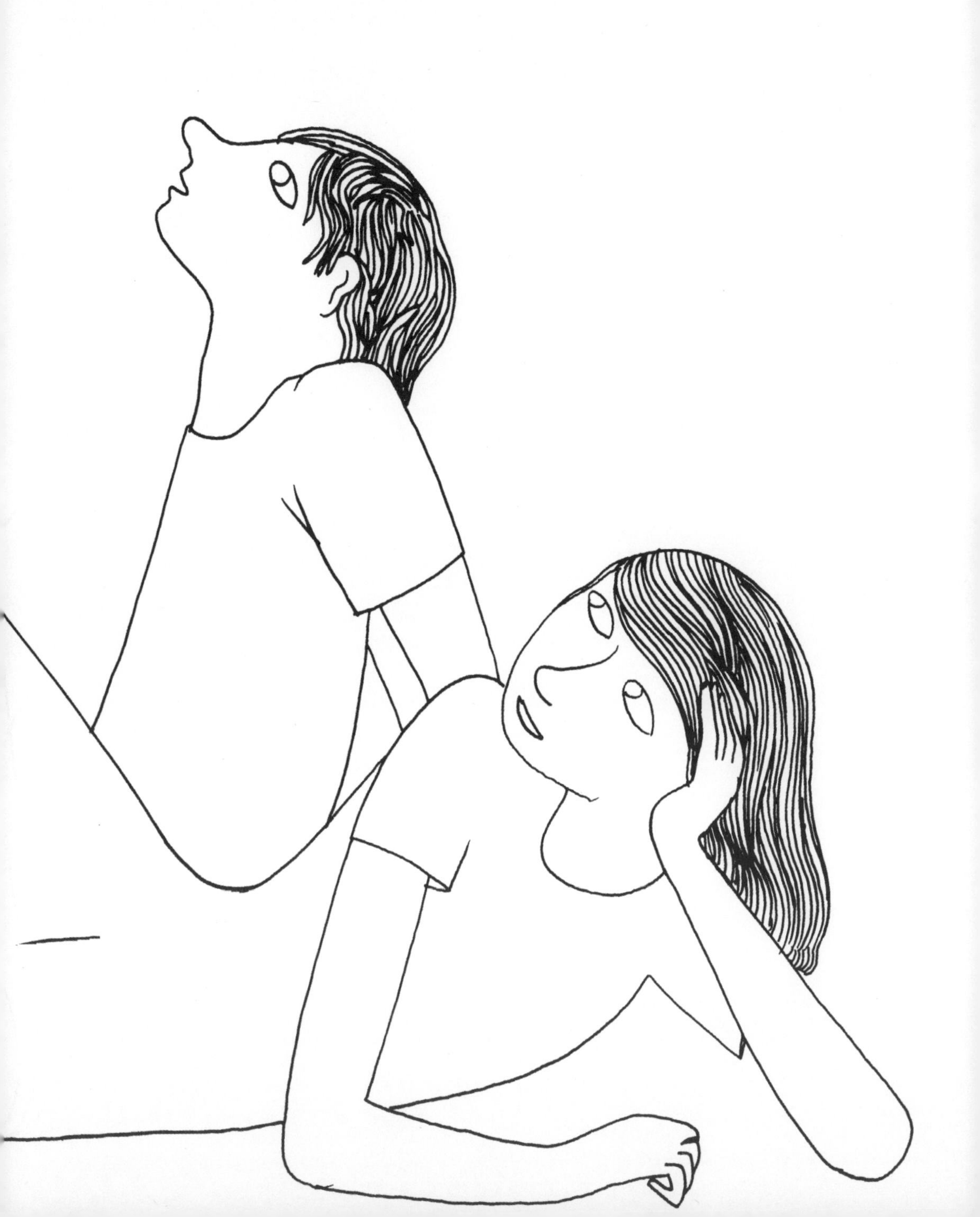

烈日炎炎时，如果你坐在树下乘凉，欣赏着树影的婆娑宁静，是不是会感觉到很惬意？

如果你“唤醒”自己的眼睛和耳朵，很快就会发现，原来我们并不孤单：大树是许多动物休憩的家，是它们觅食的场所，还有许多动物喜欢来这里玩耍，捉迷藏、攀登——把大树变成了它们不折不扣的游乐园！

这时，也许你会从树荫下起身，跃跃欲试：我也爬一下这棵树如何？

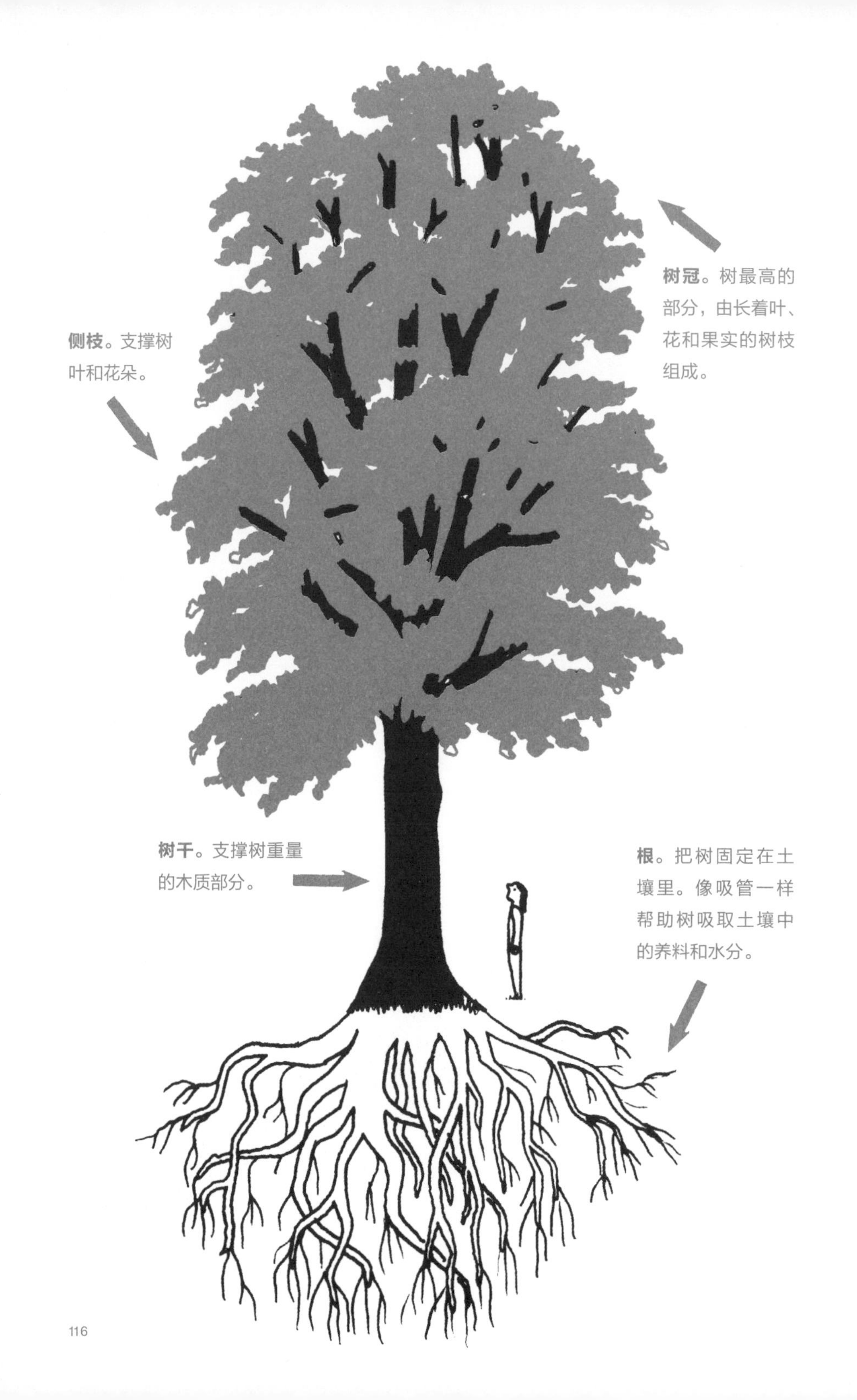
树冠。树最高的部分，由长着叶、花和果实的树枝组成。
侧枝。支撑树叶和花朵。
树干。支撑树重量的木质部分。
根。把树固定在土壤里。像吸管一样帮助树吸取土壤中的养料和水分。

树是什么

首先，每棵树都是一个生命，是植物王国的一名成员。

树由根、树干和树冠等部分构成。

与其他植物不同的是，树可以长得非常高大！

树怎么会长这么高而不“摔倒”

树根紧紧扎在土壤里，木质的树干非常坚硬，可以承担枝叶的重量（否则，枝叶就会散落在地面上生长，就如同有些植物那样）。

树（乔木）和灌木的区别是什么

树有一根主干，树冠上有许多枝；而灌木一般从地面长出多根枝干。对于专家来说，一株植物要被称作树的话，通常高度最少要达到 3 米。

说起树的高度，你知道世界上最高的树吗？北美的一棵北美红杉有 115 米高！相当于一座 38 层大楼那么高，是不是超乎想象？

除了“身高”惊人外，北美红杉还是世界上最长寿的物种，有的已经存在了 4000 多年。

树是如何生长的

树有两种生长方式：向上（高度）和向周围（宽度）。帮助大树完成生长过程的是树的细胞，它们充满了活力，总是在成倍地分裂，并且形成树木的各个部分：树皮、花、果实等等。

树干里是什么

树干里有一层薄薄的细胞层，叫做形成层（图❷），它好像一个工厂，源源不断地产生新的细胞，向内形成木质部（图❶），向外形成韧皮部（图❸）、树皮或者木栓层（图❹）。

每过一年，形成层就围绕着树的髓心长出新的一层，这样树就长粗了。

木质部和韧皮部有什么用途

一棵大树犹如一座高高的工厂，要往高处输送材料，怎么能缺少了电梯呢。

- 木质部把从树根处吸收的水分和矿物盐（原液）运输到叶子那里。
- 韧皮部把经过叶子再加工后的浆液输送到树的各个部分。

树的横截面上深浅不一的圆环是什么

这是随着树的生长形成层留下的年轮。浅色部分是春夏季节里形成的，叫做“春材”，而深色部分是在秋冬两季形成的，叫做“秋材”。在一些季节变换并不分明的地区，比如热带，年轮就不是很清晰。

1
2
3
4

根的作用是什么

有的根深，有的根浅

所有的树都有根，所有树的根都有共同的作用：抓牢土壤，吸收水分和其他营养元素供应给树木生长。

有的树根系十分茂盛，可以伸到地下好几米的深度。例如桉树，它们生长在干旱的土地，可是树根总有办法在很深的地下找到水分。

有的树根不需要到那么深的地方去找水，它们就扎得比较浅，比如杨树、木兰和窄叶梣(chén)。这些树根非常强壮，可以把碎石路上的石子挤出路面！

✻

在植物园里欣赏各种奇妙的树

不同的地方生长着不同种类的树木，如果你想看到一些本地少见或者没有的树种，不妨去植物园找找看。植物园里通常会收集本地各种具有代表性的或者罕见的树种，并人为创造暖棚等环境，让其他地区的植物也能正常生长。记得带上你的相机和纸笔哟！

一些特殊的根

大部分树木的根都是地下根，就是长在土壤里面的。可有些根不是这样的。

气生根

有些树可以扎根在矮墙上，甚至长在别的树上，榕树就是个例子。

它们的根从茎部长出，一直垂到地面上来寻找水分和营养。这种根叫做气生根。

呼吸根

有些树生长在会被海潮或者咸水淹没的地方，长出了特殊的根，比如红树（主要分布在热带和亚热带地区）。当它们脚下的土地被淹没，就无法获得所需的氧气了。为了解决这个问题，有些根就从下往上爬，超过水面，呼吸氧气。多聪明的树啊！

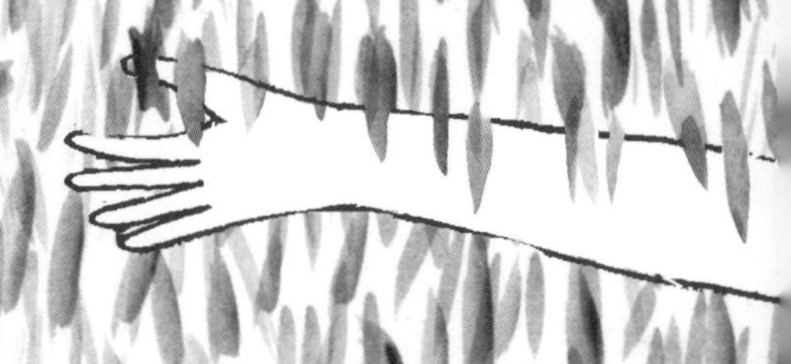

❇

躺下来欣赏大树的青枝绿叶

试试看，你会感到心旷神怡，喜悦又宁静。

学会辨认树木

每一种树都有与众不同的特征，比如高度、颜色、树冠的形状、树叶和果实的种类等等。这些都可以帮助我们给树木分类，并辨认出它们。

从叶子开始

认识一棵树的第一步可以从叶子开始。这样，你可以首先知道这棵树属于哪一个大家族：针叶还是阔叶。

例如，松树、冷杉、柏树和欧洲红豆杉都属于针叶树。你如果留意一下，就会发现它们的叶子都是针状或者鳞片状的。即使在寒冷刺骨的冬天，这些树也几乎不掉叶子，而且是常绿的。有些树叶上会产生蜡脂，比如松树，这样可以免受害虫和真菌的伤害。

栎树和水青冈则属于阔叶树。它们的叶子都比较宽，在寒冷的季节里，树叶会纷纷坠落。

当你手中有一片树叶时，观察它的形状是宽宽的还是窄而尖的，软硬度如何；留意冬天它是否还是绿色的。

根据上文介绍的判断方法，现在你得出结论了吗？

制作一个风铃树

用干枯的树枝和尼龙绳制作主架。至于挂什么就由你决定了（真的或者是你亲手绘制的）：蝴蝶、小鸟、松鼠、鸟巢、花儿、叶子、果实……总之，是一切你可以在一棵树上见到的东西。你可以把它们画下来或者剪出来。

为什么树叶的形态各异

所有的树叶都可以捕捉到阳光，再利用它进行光合作用；但是不同的树种叶片形状也是不同的，这是为了更好地适应它们所处的环境。

就拿松树来说吧，为了适应寒冷干旱的气候，它们的叶子尖尖的、硬硬的，这样就更加抗寒，而且可以防止叶子里的水分快速蒸发。

与松树相反，生长在温暖地区的树木（比如南欧紫荆、杨树、桑树和椴树）叶子宽宽的，这样的叶子更容易渗透水分。

叶片：神奇的制糖厂

所有的生物都需要能量来维持生存。

动物通过吃植物或者其他动物来获得能量，而树木呢，你也许会感到惊讶，它们从糖里面吸取能量！

叶片通过光合作用产生糖。而进行光合作用需要水分、矿物盐、二氧化碳和阳光。

在制造糖的过程中，树木可以释放出氧气。这对于我们来说真是太重要了，要知道人类靠呼吸氧气生存！

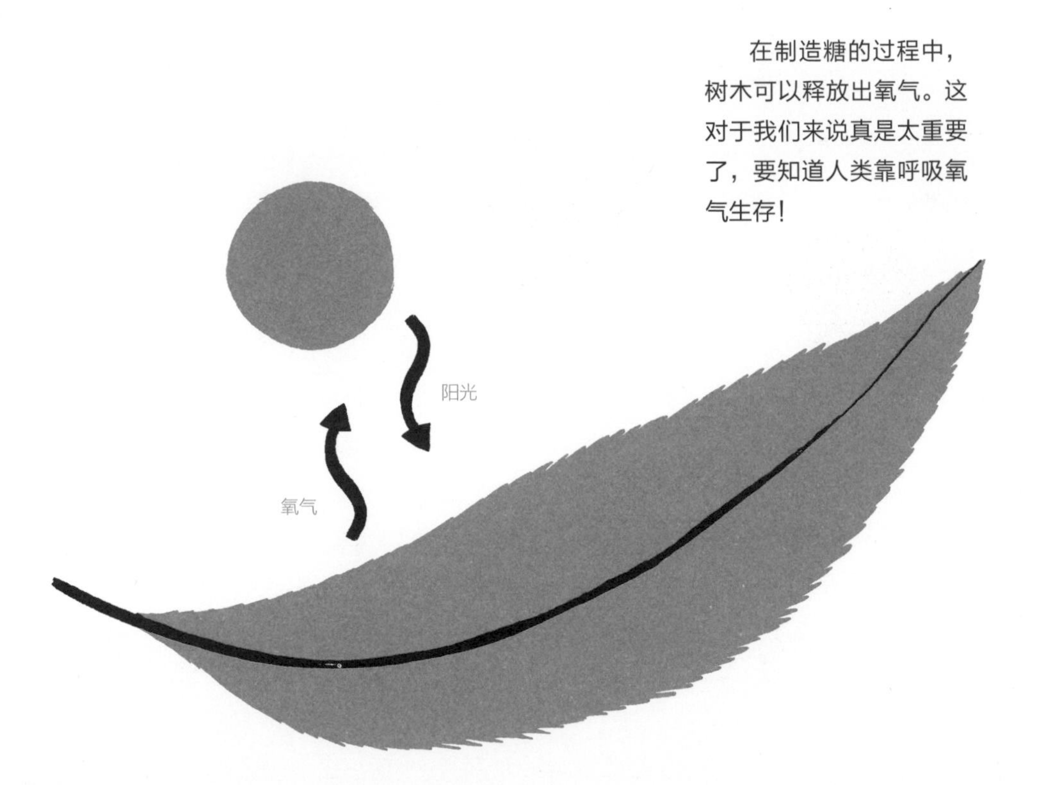

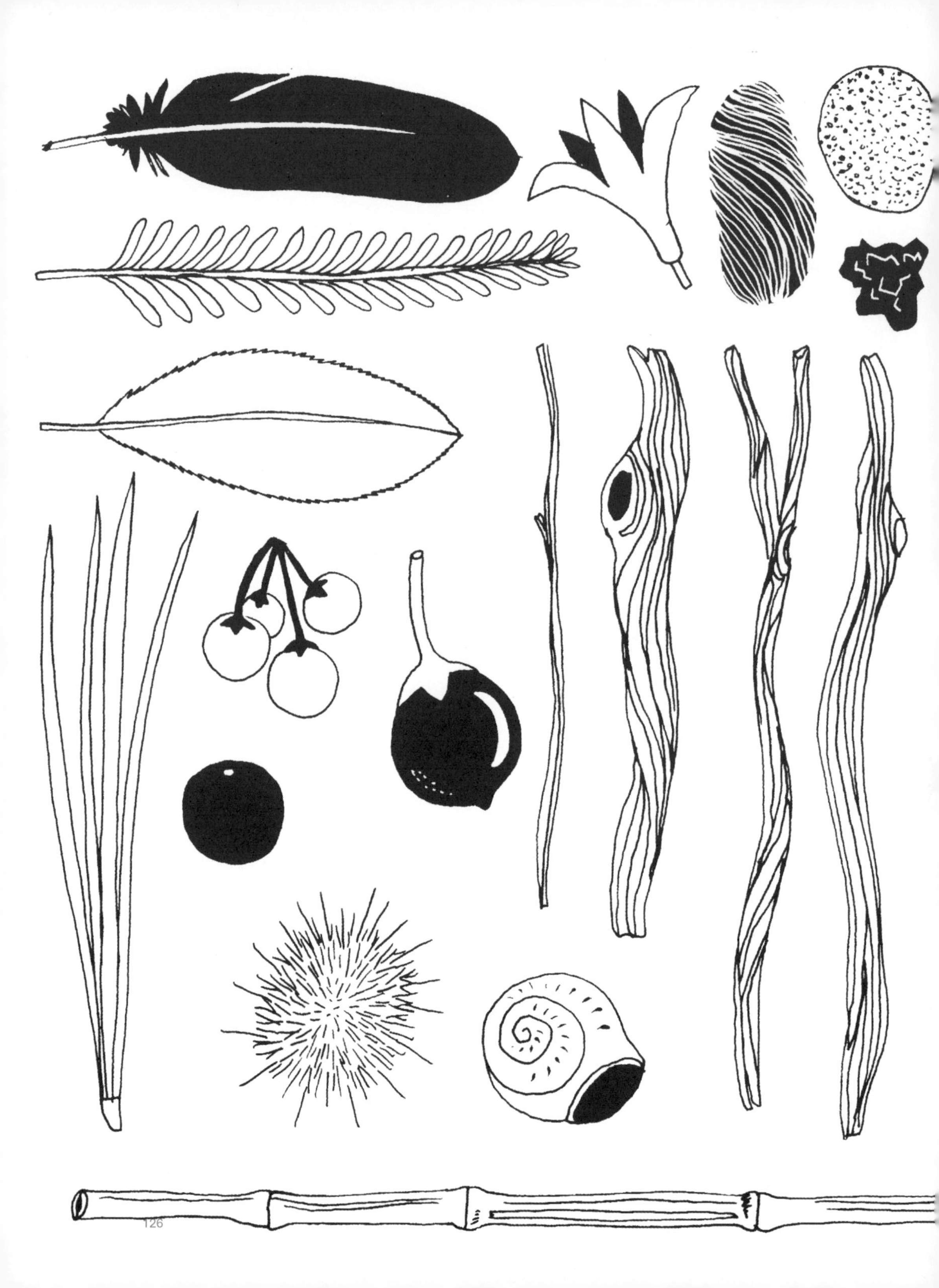

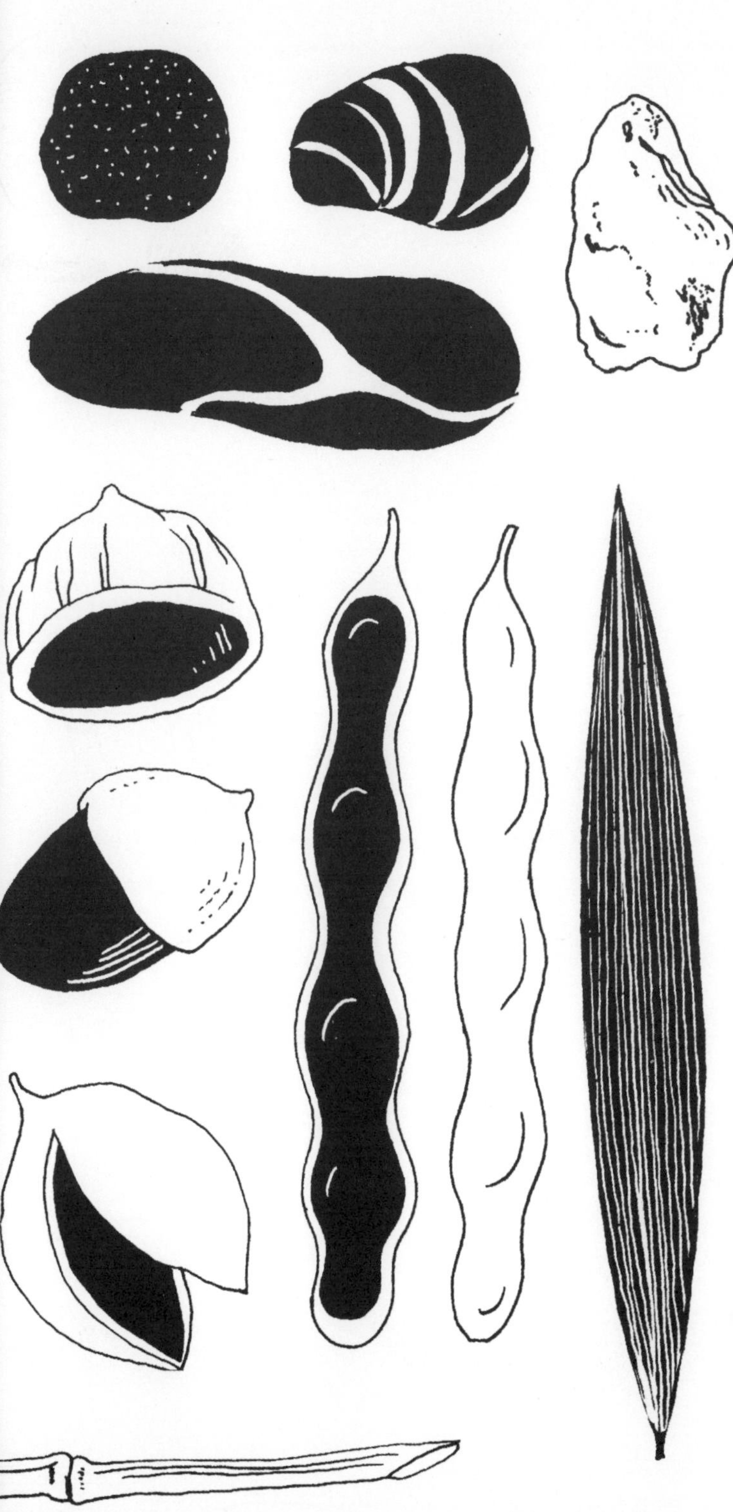

❇

做一件独一无二的艺术品

你可以用小木棒或者其他自然材料（比如叶子、石头、泥土等等）做一件独一无二的艺术品。动手之前，你可以参考一些喜欢使用自然材料的艺术家的作品。要知道，好的创意有时也是从模仿开始的。

为什么有的树落叶，而另外的一些不会

树叶对温度很敏感，在漫长的寒冬会枯萎甚至被冻死。但是树木有办法来解决这个问题：当天气变冷的时候，有的树会主动落叶，直到大地回暖，它们才长出新的嫩叶来。这样，它们就不用耗费许多能量不停地长出新叶来替换被“冻死”的叶子。另外一些树呢，比如松树，则会长出更耐低温的叶子来度过严寒。

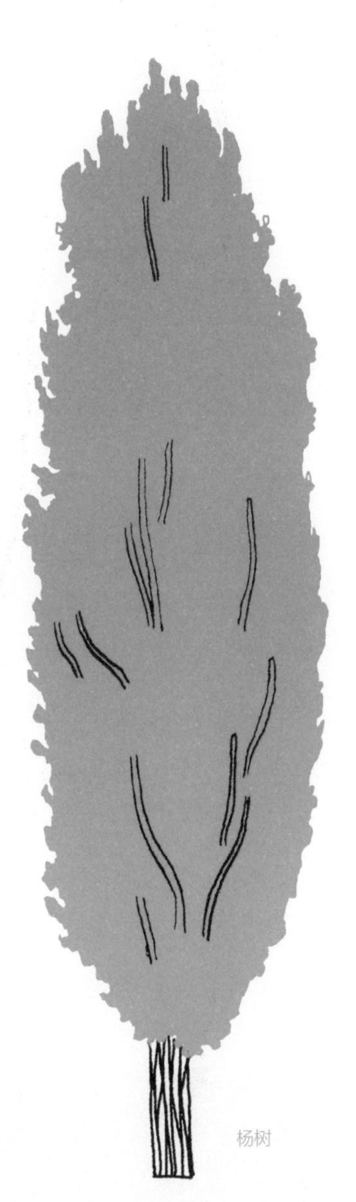

杨树

树木怎样应对季节变换

你已经知道了，不是所有的树都在秋天落叶。但是为什么有的树叶会变红，有的则一直是绿色的？

不落叶的树叫做常绿树

毫无疑问，常绿树的叶子也是会落的，只不过是东一片西一片，今天一片明天一片地落，不是大规模地落而已。并且因为总有新的叶片不断长出，我们就更注意不到落叶了。

常绿树有松树、月桂、伊比利亚栓皮栎、冬青栎等等。

秋季落叶的树叫做落叶树

比如南欧紫荆、夏栎和杨树等等。

叶子会变红并且会干枯的树叫做红叶树

红叶树只有到第二年春天，新的叶子开始生长的时候，旧的叶子才落下，比如葡萄牙栎。

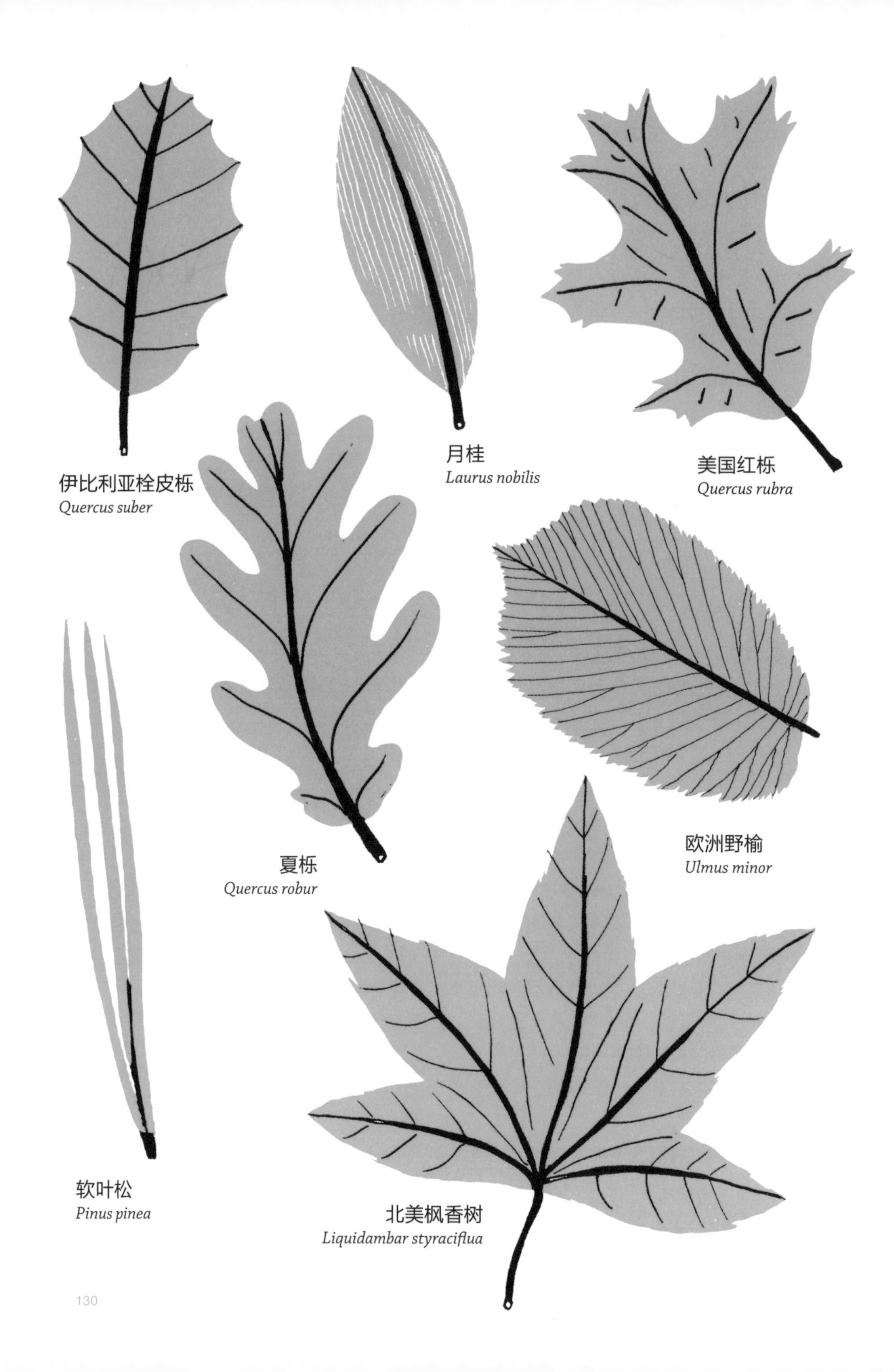
伊比利亚栓皮栎
Quercus suber
月桂
Laurus nobilis
美国红栎
Quercus rubra
夏栎
Quercus robur
欧洲野榆
Ulmus minor
软叶松
Pinus pinea
北美枫香树
Liquidambar styraciflua

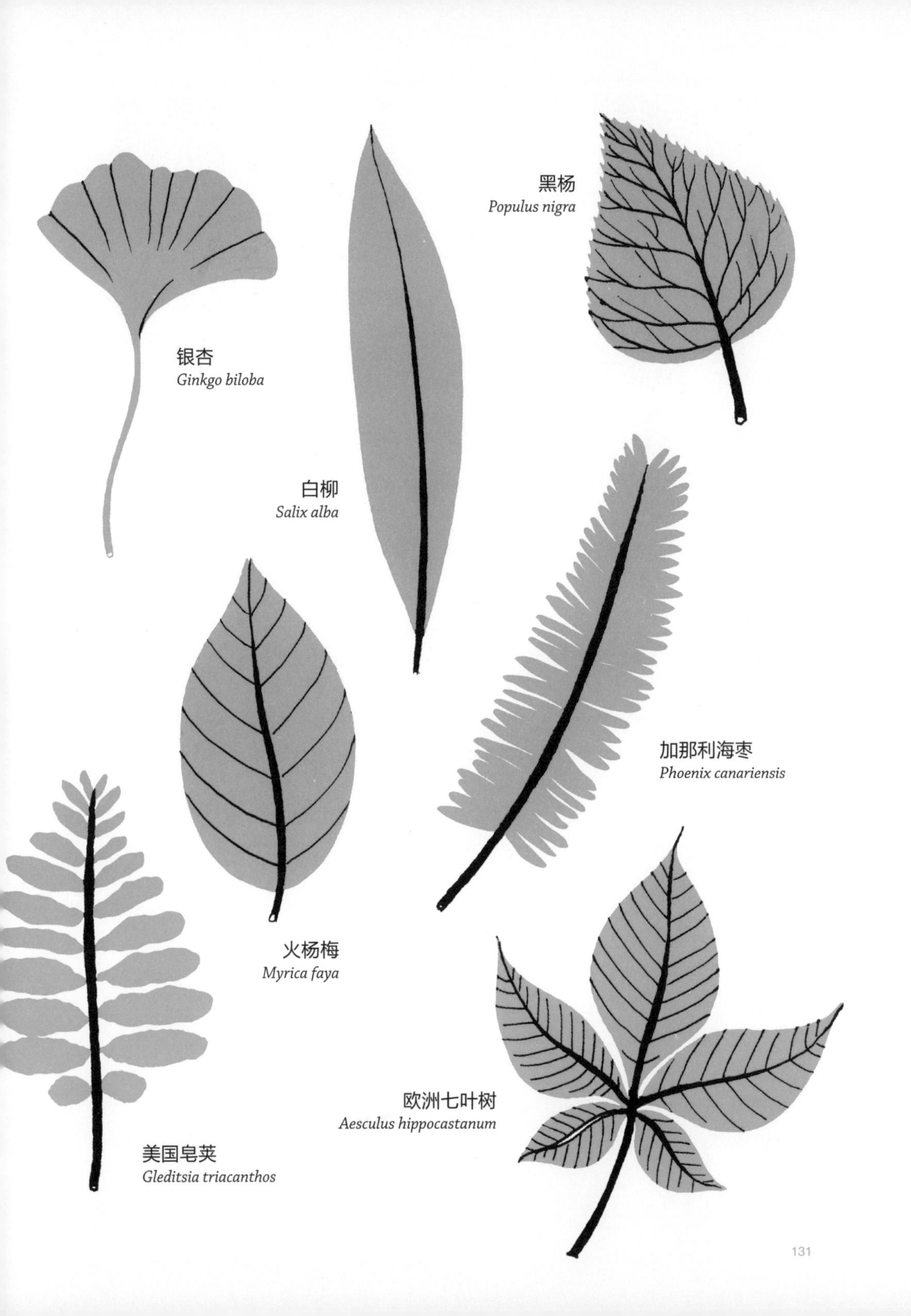
银杏
Ginkgo biloba
白柳
Salix alba
黑杨
Populus nigra
加那利海枣
Phoenix canariensis
火杨梅
Myrica faya
欧洲七叶树
Aesculus hippocastanum
美国皂荚
Gleditsia triacanthos

所有树都长有花、果、种子吗

所有的树都有种子，不过存放种子的方式各有不同。

有些树的种子藏在肉多并且香甜的果实里，比如桃子、橙子、无花果等。

另一些树的种子长在坚硬的果实里，比如核桃、扁桃、伊比利亚栓皮栎和圣栎树等。

有些树的果实可能不太好吃，可这是对于我们人类的味觉来说的，对于其他动物它们也可能很可口，比如乳香黄连木、单柱山楂、月桂等等，这些果实里也有种子。

还有一些种子虽然长在果实里，但果实并不是闭合的，比如松树和冷杉树。

核桃树的叶和果实
Juglans regia

伊比利亚栓皮栎的叶和果实
Quercus suber

扁桃树的叶和果实
Prunus dulcis

银杏树的叶和果实
Ginkgo biloba

月桂的叶和果实
Laurus nobilis
松树的果实
Pinus pinea
单柱山楂的叶和果实
Crataegus monogyna
甜橙树的叶、花和果实
Citrus sinensis
梨树的叶和果实
Pyrus communis
乳香黄连木的叶和果实
Pistacia lentiscus

为什么小鸟喜欢在树上做窝

对于许多鸟类和别的小动物来说，大树是它们理想的家！

当它们藏身于一棵高高的大树，天敌往往不容易爬上去。除此之外，繁茂的枝叶还可以为它们的巢遮风挡雨。更妙的是，对鸟类来说，这里好似一个热闹的食品超市呢，它们可以很方便地在树上找到果子和小虫子来食用。

“树先生”还是“树小姐”

你知道吗？树也可以分出雌雄，并且有时候一棵树可以同时有两个性别。

对于同一种类的树，如果雄花和雌花分别长在不同的株上，这种树就叫作雌雄异株，例如欧洲红豆杉、银白杨、银杏树等。如果雄花和雌花长在同一株树上（但是在不同的枝上），就叫作雌雄同株，比如伊比利亚栓皮栎和松树等等。

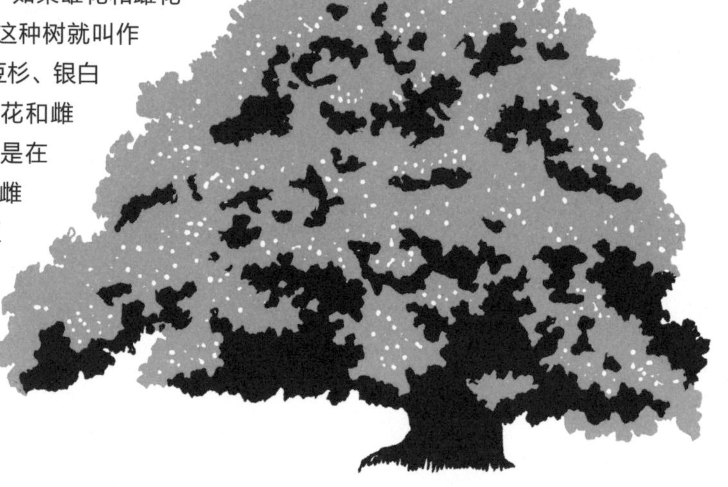

葡萄牙的国宝树

葡萄牙茂密的森林里总共有 60 多种树。我们在街心花园和城镇的街道两旁还能见到许多来自外国的品种，这里就不计算在内了。

尊敬的“伊比利亚栓皮栎先生”

在葡萄牙，伊比利亚栓皮栎有着特殊的地位，可以说它是葡萄牙最重要的树种了，同时它也是这个国家的一个标志呢。伊比利亚栓皮栎分布在葡萄牙从北到南的各个地区，从米尼奥到阿尔加维都有它的身影，而有的品种只有在特定的地区才能见到。要知道，伊比利亚栓皮栎占到了葡萄牙全国森林总量的 1/4 呢！

全世界 1/4 的伊比利亚栓皮栎品种都能在葡萄牙找到。葡萄牙同时也是世界上最大的软木生产国！

什么是软木

软木是栓皮栎的树皮，以它为原料可以生产酒瓶塞、箱包、铺设房间用的地板和其他一些产品。

当然了，栓皮栎长出软木树皮，本来不是为了让人们做酒瓶塞的。

大自然里的栓皮栎皮有什么用

栓皮栎一般生长在夏季非常炎热的地区，这些地区的树林在夏季高温干燥的环境中容易发生火灾。栓皮栎皮的主要作用就是保护树干，尤其是能够起到防火的作用。如果有火焰蔓延到栓皮栎，它的叶子会被烧光，但是，只要树皮在，树干就会得到保护，枝叶也就会得到新生！

人类掌握了一种方法，可以去掉栓皮栎树皮而不伤害大树，也就是说，按照这种方法将树皮取掉后，过一段时间，它还会再生。

栓皮栎树干上涂的数字有什么用

当你看到一棵栓皮栎，很可能它的树干上被涂了一个数字。

这些数字告诉我们直到哪一年可以再次提取这棵栓皮栎的树皮。因为对于同一棵栓皮栎来说，我们并不是每年都提取它的树皮，而是每 9 年或者每 10 年才提取一次。

提取栓皮栎树皮的生产商之间有一种暗号：一般来说，提取时会在树干上涂上当前所在年份的最后一位数字。例如，如果在 2014 年提取，就会在树干上涂一个“4”字；如果是 2015 年提取，就涂一个“5”字，以此类推。由于树皮是每隔 9 年或者 10 年提取一次，当我们看到一棵树上涂了“4”字，就知道下次要到 2023 年或者 2024 年才能提取，这样就不会搞错啦！

中国五大著名古树

- 轩辕柏。陕西省黄陵，已有 5000 余年历史。
- 凤凰松。安徽省九华山，已有 1400 余年历史。
- 迎客松。安徽省黄山。
- 二将军柏。北京市景山。
- 阿里山神木。台湾省嘉义县。

你还可以调查一下，自己的家乡有什么有名的大树。

葡萄牙软木的太空之旅

葡萄牙的软木已经被带上了太空？千真万确！

许多年前，美国宇航局的宇宙飞船中就使用了葡萄牙的软木制品。这是因为软木的防火性能极佳，并且是很好的隔音材料。如果把一个房间用软木材料封闭起来，就没人能听到里面的动静了。

雌栓皮栎？你觉得有吗

在某些地区，人们把树龄比较长，树形也比较高大的栓皮栎称为雌栓皮栎，并且不再从它们身上提取树皮了。一些小动物很喜欢在这些大树上做窝，比如园睡鼠非常喜欢住在雌栓皮栎高高的树梢上！

4

❈

摇啊摇，摇到云彩里

如果你想利用树枝做一个秋千，为了你的安全和树木的健康，这里有一些建议：

- 选择木质坚硬的树（比如栎树），避开果树。
- 选择的树枝与地面的距离要小于 6 米，同时直径大于 20 厘米，树枝还要足够长，以免荡秋千时折断。
- 秋千要安装在距离树干 1—1.5 米处。
- 选择的树枝必须是健康的，不要选择看上去有虫害、裂缝或者与树干之间距离很小的树枝。千万不要用枯枝，会折断的！

鸟类

——瞧，瞧空中

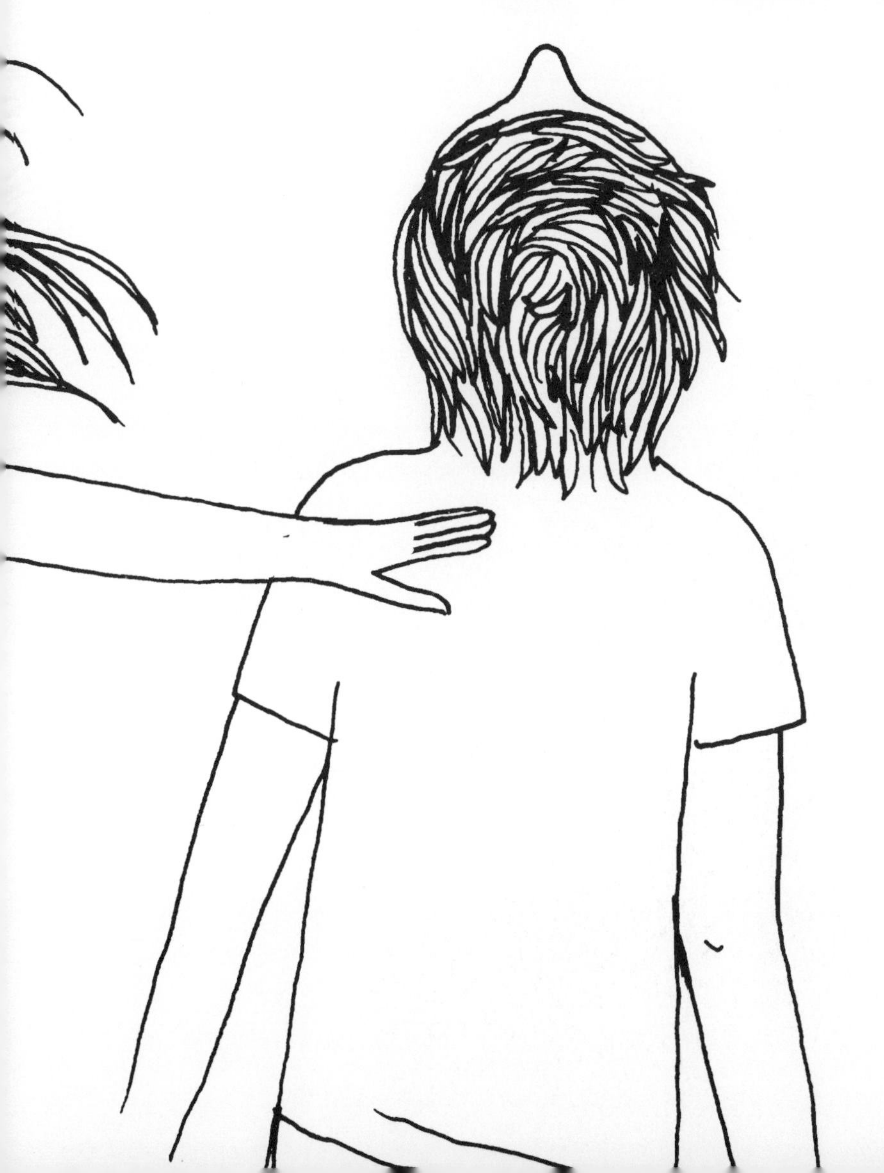

在地球上任何一个地区，从冰雪覆盖的南极到北极，从崇山峻岭到广阔平原，从荒无人烟的大漠到熙熙攘攘的城市，都有它们灵巧轻盈的身影。它们征服了广袤的陆地、无垠的天空甚至波涛汹涌的大海……没错，它们就是鸟类！当你看到它们自由自在地翱翔于万里长空，一定会忍不住想：

如果我也会飞翔，那该有多好！

如何区分鸟类和其他动物

鸟类的身体表面覆满了羽毛。迄今为止，这是只有鸟类才拥有的唯一特征。不过，很久很久以前并不是这样……几百万年前，地球上也存在长有羽毛的动物，但并不被认为是今天所说的鸟类，比如一些恐龙就是如此，所以一些科学家也认为鸟类应该属于爬行纲*。

霸王龙的后代

有一件事情已经确定：鸟类是恐龙的后代。更准确地说，它属于大名鼎鼎的霸王龙的家族。科学家已经发现，这个可怕的庞然大物与鸡之间有着若干相似之处！

事实上，如今我们看到的鸟类和爬行动物差异太大了，因此大部分科学家把它们“安插”到了不同的纲目里。

会飞的都是鸟吗

不。许多种动物也会飞，但不是鸟类。比如苍蝇、蝴蝶等许多昆虫都会飞来飞去。甚至有些哺乳动物也有飞行的本领，比如蝙蝠。但是没有谁能像大多数鸟类那样，能飞行那么久、那么远，就连大部分飞机也不行呢。

谁是鸟类中的世界纪录保持者

鸟类中有许多世界纪录保持者，比如斑尾塍鹬(chéng yù)，它们能一口气飞上12000千米左右，相当于从阿拉斯加到新西兰的距离！在这个飞行过程中，斑尾塍鹬会整整飞上9天，中间不吃不喝。设想一下，如果我们从葡萄牙里斯本出发，不分昼夜地一直徒步走，是有可能到达西班牙巴塞罗那的！

* 审者注：爬行纲在生物分类上指一类脊椎动物，传统上是那些陆生的有鳞冷血动物，如龟类、蛇类和蜥蜴类等，中生代的恐龙也被归入了爬行动物。近年来，随着研究的深入，鸟类被视为恐龙的后裔，因此有修订爬行动物类群的趋势。

为什么鸟类的飞行能力这么强

鸟类之所以有如此骄人的战绩，是因为它们的身体结构非常适合飞行，让我们仔细观察一下。

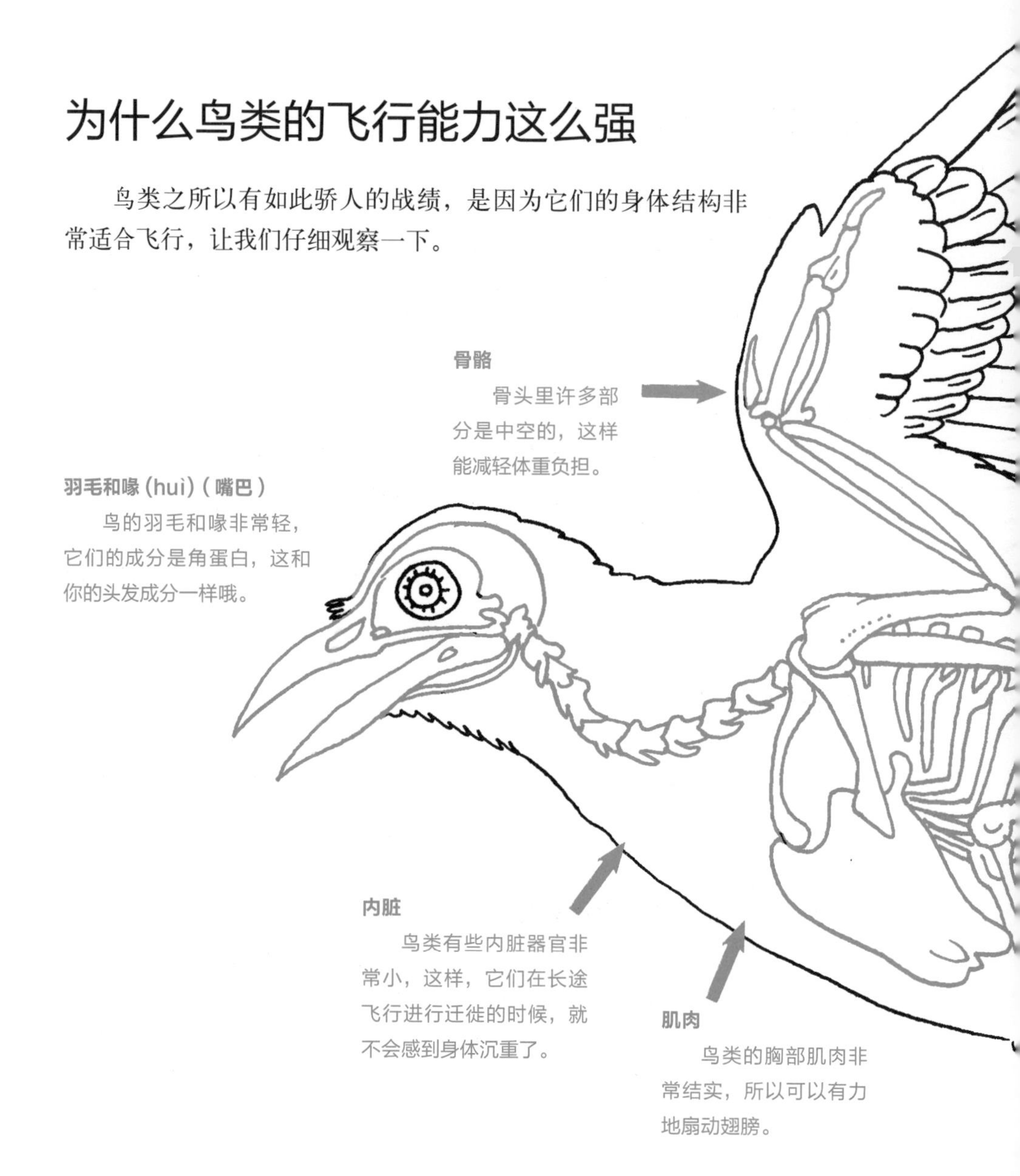

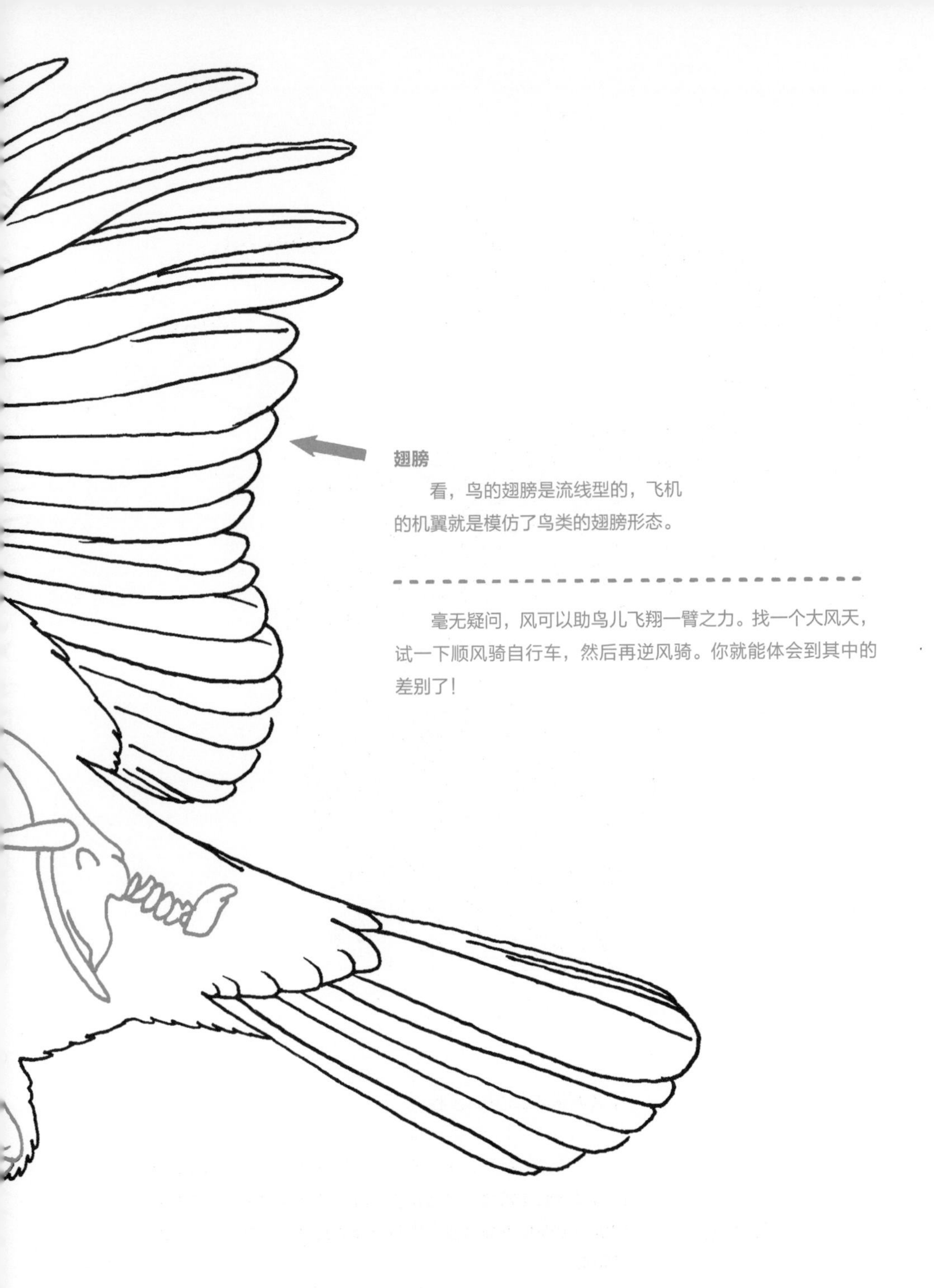

翅膀

看，鸟的翅膀是流线型的，飞机的机翼就是模仿了鸟类的翅膀形态。

毫无疑问，风可以助鸟儿飞翔一臂之力。找一个大风天，试一下顺风骑自行车，然后再逆风骑。你就能体会到其中的差别了！

什么叫做流线型的翅膀

从旁边（侧面）看，鸟类翅膀的形状好像半个水滴，飞机的机翼也是如此。当鸟儿飞行时，翅膀穿过空气，空气在翅膀的上面和下面就会产生不一样的速度，这样就把鸟儿托了起来。

谁冲刺的速度最快

是游隼 (sǔn)（一种猎鹰）。当它们捕食猎物时，从空中一个俯冲，速度大于 300 千米 / 小时！实际上，游隼不仅仅是速度最快的鸟类，也是所有动物中速度最快的了。

游隼

飞得最高的又是谁

亚洲有一种习惯在极高的空中飞行的鸟叫斑头雁，在进行每年一次的迁徙时，它们要飞越喜马拉雅山脉（地球上最高的山脉）。

科学家在斑头雁的背上放置了一种小型 GPS 定位仪，证实了它们可以飞到 7000 米以上的高空！

但是注意了……

据目前观测到的纪录，世界上飞得最高的鸟并不是一只斑头雁，而是一只高山秃鹫：在 11000 米的高空，它撞到了一架同样在那个高度飞行的飞机——这只鸟“壮烈牺牲”了，飞机虽然受到严重损害，还是平安地落了地。

高山秃鹫

那么，扇动翅膀最快的鸟呢

说到这个，答案毫无疑问就是蜂鸟了。所有的蜂鸟扇动翅膀的速度都极快，有的能达到每秒 80 次。这是为了在空中保持静止，比如当它们停留在一朵花前吸食美味的花蜜时。

迁徙距离最长的又是哪一种鸟呢

一口气飞行距离最长的鸟，你已经知道了，是斑尾塍鹬。但是迁徙距离最长的鸟呢？这项荣誉毫无争议地要颁发给北极燕鸥。每年秋天，它们都要从北极附近的海域出发，长途飞行到南极。北极燕鸥 5 年的飞行总里程有多少呢？相当于从地球到月球！

此外，北极燕鸥还保持着一项世界纪录：“度过最长夏季”的动物。因为它们的漫漫征程开始于北半球的夏末，而飞到南半球之后，便可以再过一次夏季了。

蜂鸟

北极燕鸥

如果鸡是鸟类，它们为什么不会飞

实际上，鸡还是能扇动翅膀扑腾着飞上几米的，而它们的亲戚——生活在东南亚的一种野鸡，就可以进行真正意义上的飞行了。但是有的鸟类连扑腾也不会，比如著名的鸵鸟和企鹅，这是因为它们的祖先出于某些原因不需要飞行了，久而久之，这项功能便随之消失了。

企鹅生活在哪里

企鹅只生活在地球最南端冰冷的海水里。但是，葡萄牙有一些其他鸟类和企鹅长得挺像的。比如崖海鸦和刀嘴海雀。这些鸟类不但能飞行，同时也可以和企鹅一样潜入深海里。而且，它们的外表和企鹅一样有趣，好像是在白衬衫外面穿了一件黑外套。这又是怎么一回事呢？

刀嘴海雀肚皮朝下潜在水中时，很难被远处的鱼类发现，因为海水上层被光线照亮，颜色看上去和它们的白肚皮差不多。同样，海面上方的动物也很难发现它们，因为它们背上的黑色又和深色的海水表面颜色相近。这样，无论是自己去捕食，还是躲避天敌的窥测，这黑白配的外衣都能把它们很好地隐蔽起来。

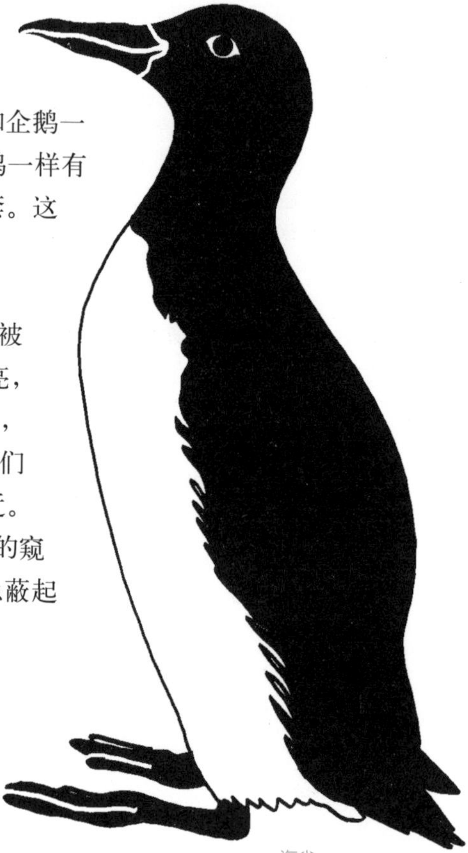

海雀

为什么每一个角落都能看到鸟类

世界上再也没有比鸟类分布更广的动物了，这还是要归功于它们飞翔的本领。

鸟儿自由自在地翱翔于蓝天之上，可以轻而易举地到达非常遥远的地方，而极少有别的动物可以如此轻松地做到。除此之外，它们的身体经过演化，逐渐适应了各种不同的自然栖息地，所以它们拥有迥异的外表、颜色，不同类型的喙和脚爪。

不同类型的脚爪

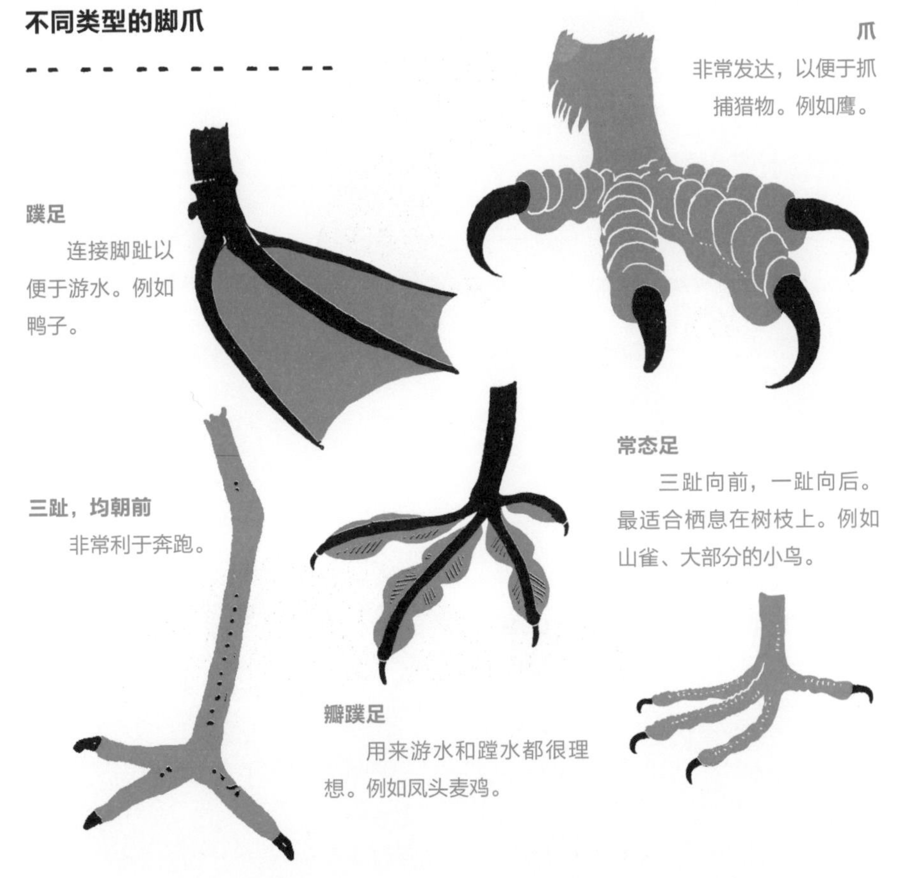

不同类型的喙

不同的鸟类以不同的食物为生，它们也就拥有各种各样的喙。比如，有的喙更方便啄食种子，而有的则更方便捕鱼。

鹱 (hù)

和其他海鸟一样，鹱的喙使它们非常适宜在海上生活。鹱用弯钩状的喙很容易捕到它们爱吃的鱼和鱿鱼，并且通过顶部的小细管，还可以排出食物中多余的盐分呢。

锡嘴雀

它们的喙是鸟类中最坚硬的，方便啄食种子。它们甚至可以凿破樱桃的核！

啄木鸟

它们的喙非常坚硬，可以将树干啄一个洞。它们把长长的、富有黏液的舌头伸进自己啄出的洞里，就能够捉出树干里的虫子饱餐一顿了！

欧夜鹰

这种鸟只在夜间才活动，它们会在飞行中捕食小昆虫。所以，它们的嘴上长着非常敏感的刚毛，这有助于它们在黑暗中感知猎物。

燕鸥

它们喜欢一个猛子扎到海里捕食小鱼，小而尖的喙就派上用场了。

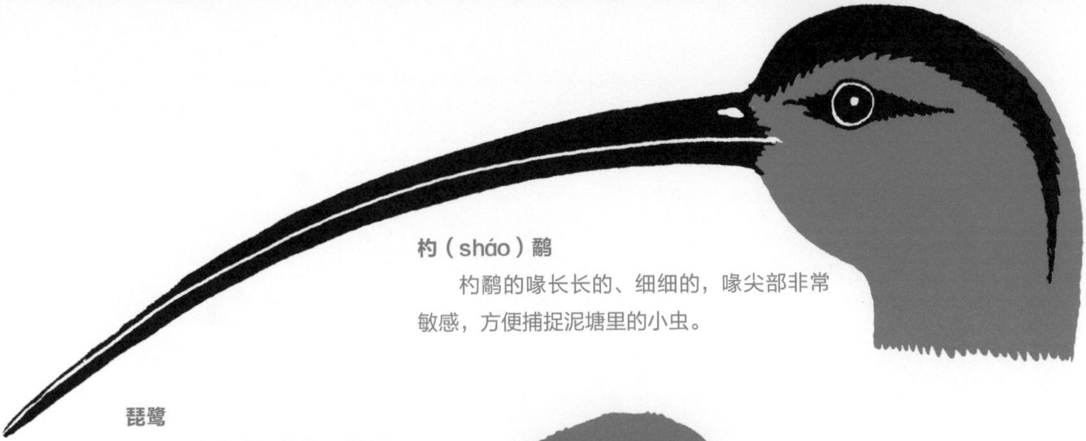

杓（sháo）鹬

杓鹬的喙长长的、细细的，喙尖部非常敏感，方便捕捉泥塘里的小虫。

琵鹭

琵鹭的嘴巴就像一把刮铲，帮助它们在水中觅食。它们的食谱非常广泛：软体动物、甲壳动物、昆虫、鱼甚至两栖动物。

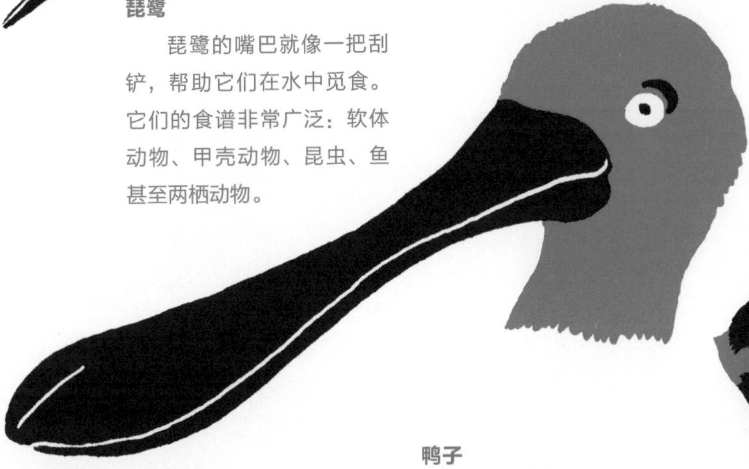

白鹡鸰（jí líng）

和其他食虫动物一样，白鹡鸰的喙非常尖，这样它们捕食小虫的时候就有很高的精确度了。

鸭子

许多鸭子以水中的小动物和水草为食，所以它们的嘴巴上有非常细的须，这是用来过滤食物的。

火烈鸟

火烈鸟的喙的作用就像一张网，当它伸入水中，可以捕捞起许多甲壳类和其他类别的小动物。

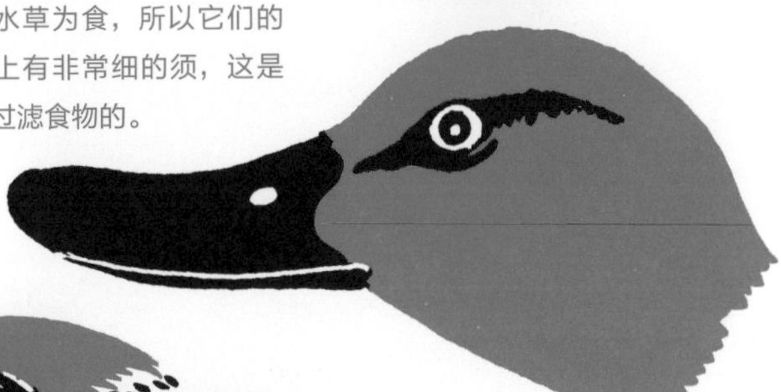

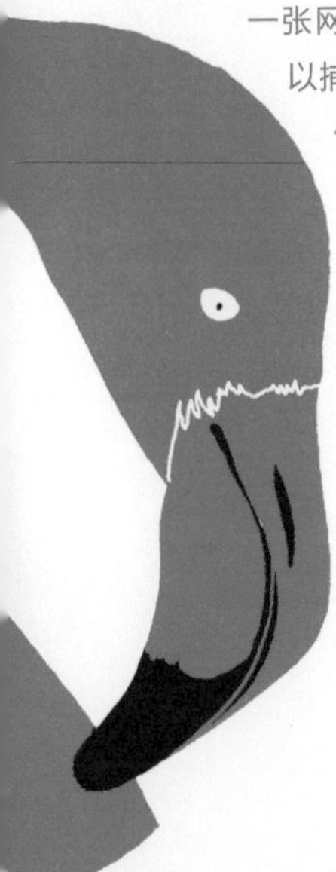

游隼

鹰类的喙都是坚硬而且锋利的，这样方便撕咬猎物。

鸟类如何选择筑巢地点

鸟类在选择筑巢的地点时非常谨慎，那可是它们安放鸟蛋和迎接鸟宝宝出生的地方！鸟巢可以在地面上、在树梢头、在岩洞里，或者在车库墙上的一个小洞中，总之一定要远离它们的天敌。

鸟巢的类型和地点

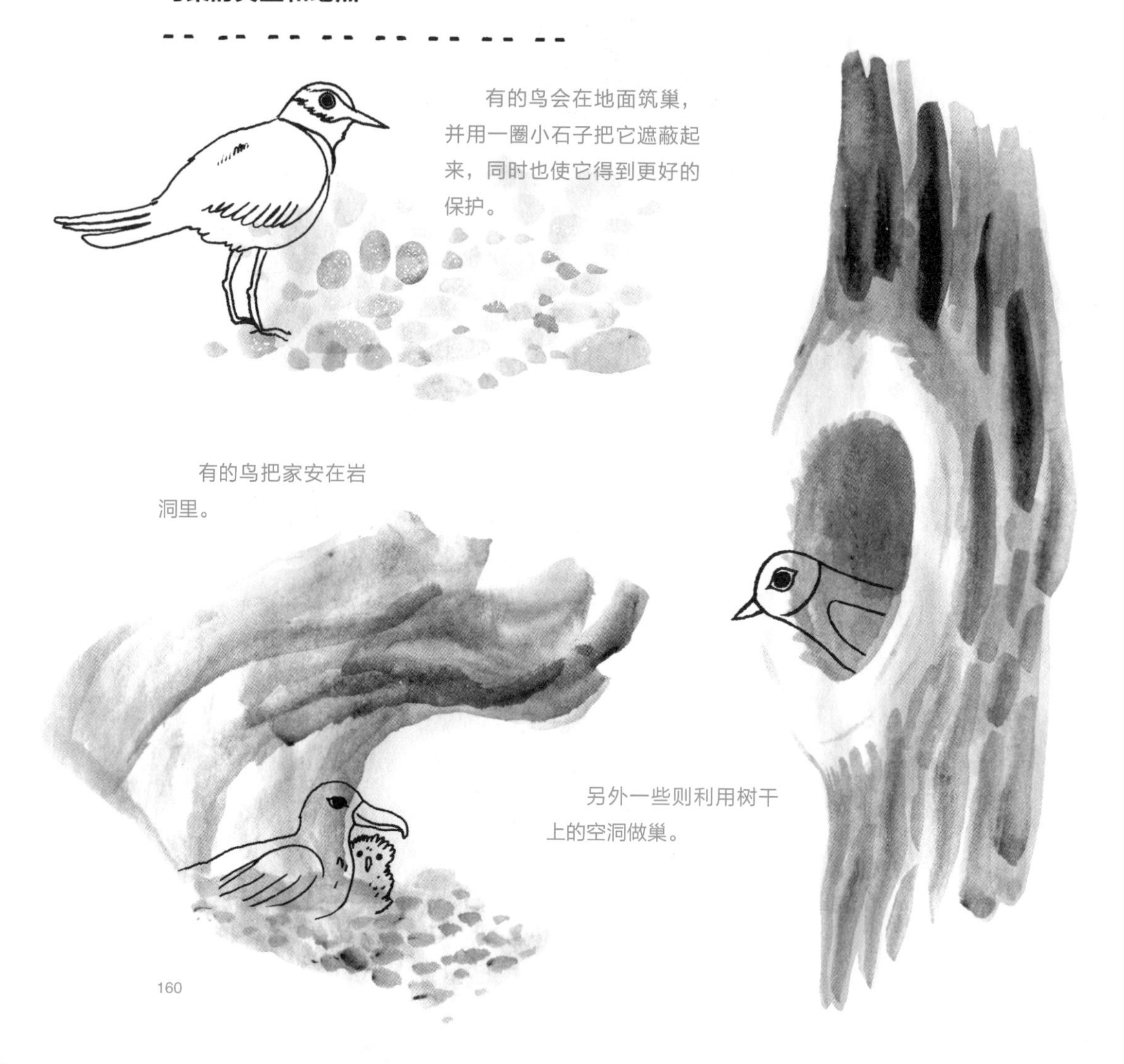

许多鸟选择在植物丛中或者是树枝上筑巢，这样的巢通常是碗状的。

有些鸟会利用人类的建筑来筑巢，比如在电线杆上或者屋檐下。我们熟悉的燕子和鹳就是这样。

兀鹫中的许多种类会在河边的峭壁上筑巢。

如何安装一个人工巢箱

小提示

- 鸟儿都很青睐在上了年纪的树上安家，因为这种树干上有更多的树洞和凹陷。所以，如果你把巢箱安装在一个树木（特别是古树）比较稀少的地方，就更容易吸引鸟儿前来入住了。

- 秋末冬初是放置巢箱最理想的季节。入冬以后，鸟儿就会忙忙碌碌地去寻找合适的洞来做窝，这时候如果它们看到了你的巢箱，很可能就会带着全家乔迁新居了！

- 把巢箱放置在树枝上一个被遮护起来的地方，不要过度外露。例如，选一段被叶片覆盖一半的树枝，并且避开阳光直射。同时还要注意避开风口（看看你那里常刮的风向）。这样，你的巢箱就可以帮鸟儿躲避严寒、挡风遮雨了。

- 将巢箱放置到距离地面 3—4 米处，并且稍微向下倾斜，这样雨水就不会轻易进入巢箱或发生积水了。

- 你的巢箱安放好之后，也许并没有马上吸引到鸟儿前来入住，也许要等待很长时间，也许一直都没有等到……这些都是正常的。但是，要记住：巢箱周围的古树越少，鸟儿入住的概率就越大哦。

注意：有时候可以在巢箱底部铺一些沙子或者树叶。因为有些鸟儿是不筑巢的，比如猫头鹰，如果它们前来入住，就可以保护它们的蛋不会轻易破碎。

黑顶林莺

鸟儿歌唱为哪般

你有没有听到过乌鸫唱歌？有没有欣赏过黑顶林莺的美妙歌喉？鸟类是有歌唱天赋的动物，其中，歌喉最动听的大多数是雄鸟。它们唱歌是为了吸引雌鸟的注意，同时也是警告附近的其他雄鸟："嗨，别靠得太近，这是我的地盘！"

录下鸟鸣声

找一处林木茂盛的地点，录下那里天然的声响。之后便可以尝试分辨不同鸟儿的啼叫，或者只是欣赏你录下的天籁。

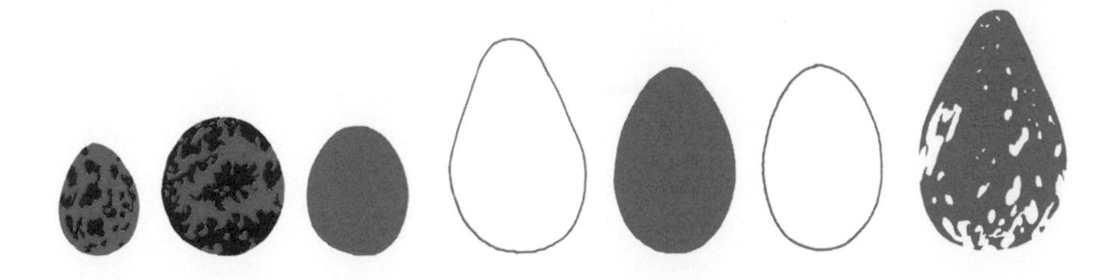

所有种类的鸟都下蛋吗

可以这么说。只不过这些蛋可是林林总总，形态各异。个头有大有小，形状有圆有长，颜色或深或浅，有的表面还生有圆点或者条纹的图案呢。所有的鸟蛋壳里都有蛋黄和蛋白，孵化几个星期之后，就会长出一只雏鸟。

雏鸟要多久才能飞离鸟巢

有些雏鸟一出生就活力无穷——破壳短短几分钟，它们就迫不及待地跑了起来，并且可以独自进食了，比如斑翅山鹑(chún)。另外一些则相反，需要在巢里呆上几个星期，甚至几个月的时间！它们呆在舒适的巢里，等待着外出觅食的鸟爸爸鸟妈妈带回来好吃的……比如乌鸫的雏鸟就要在巢里呆上两三个星期。

不同种类的鸟蛋

许多时候，只需看一看颜色和蛋壳上的图案，便可以知道这是哪种鸟下的蛋。当然，你首先需要了解，你看到鸟蛋的地方以及周边有哪些鸟筑了巢，还需要有专业的图片来进行对比。

鸟儿吃什么

答案似乎很明显：当然是草籽了！但是，这只是一部分鸟类的食物，尤其是被关在鸟笼里的鸟儿。生活在户外的鸟类食物范围非常广泛。生物学家根据不同的食物给鸟分类，不过这个任务有时也颇为艰巨。有些鸟非常会“迷惑”我们，它们吃不同种类的食物，似乎有时要看它们的胃口，有时则是找到什么就吃什么。那么一般来说该如何分类呢？现在我们就举几个例子。

食谷粒和水果者

这类鸟（或者叫做“素食类者”）主要吃粮食颗粒和水果，比如麻雀。

食鱼者

主要吃各种鱼类，比如鹗等水鸟。

食昆虫者

主要吃昆虫、蜘蛛、蚯蚓等等，比如鹟鸟、蜂虎等。

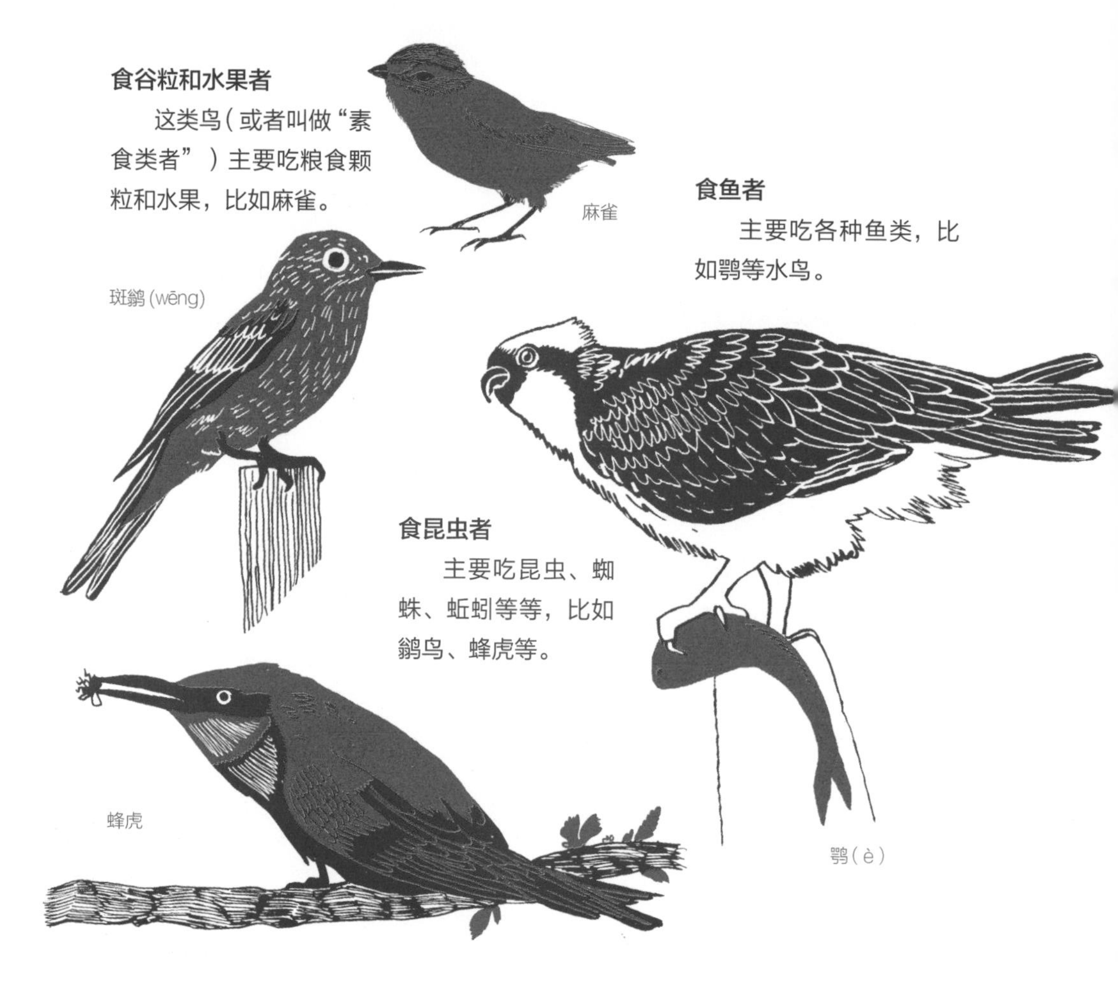

翠鸟

红腹灰雀

全世界有多少种鸟

全世界一共有大约 10000 种不同的鸟！

这些鸟类当中，有 1100 多种可以在中国观测到，这使得中国成了鸟类资源最丰富的国家之一。*

这些鸟儿都是长期居住在一个地方吗

并不是这样，一些种类的鸟并不在固定的地方筑巢长住——有的只是冬天才来，以避开它们居住地的严寒。

哪些鸟类是葡萄牙特有的呢

亚速尔群岛有两种：圣米格尔红腹灰雀和蒙氏叉尾海燕。而在马德拉群岛，则有四种当地独有的鸟：长趾鸽、马德拉圆尾鹱、佛得角圆尾鹱和马德拉岛戴菊。

长趾鸽

要观测到这些独有的鸟类可并非一桩易事。

不过，在花园里、屋舍旁，我们都可以观赏到许多其他种类的鸟儿，也许它们正在你家门前的树枝上一展歌喉呢。

马德拉岛戴菊

马德拉圆尾鹱

*注：葡萄牙境内可以观测到 400 种左右的鸟类。

如何区分不同种类的鸟儿

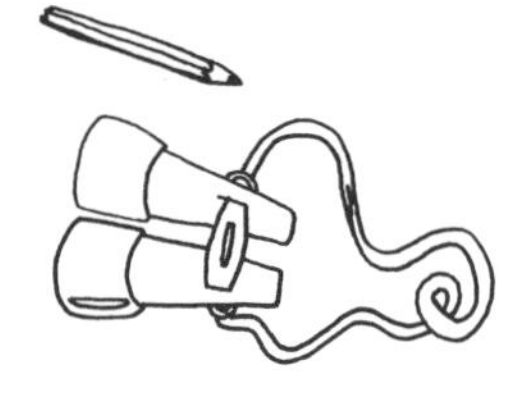

材料

一副望远镜

一本鸟类鉴别指南

一个记事簿

一支铅笔

- 你可以从离家最近的花园开始。在一个阳光灿烂的日子，一大早就出发到花园里去，你会发现那里有不同种类的鸟儿，有的在空中飞来飞去，有的在地面上溜达，有的栖息在树梢、灌木丛或者花丛里。
- 如果带着望远镜，就可以观测到更多的细节了。留意鸟儿体型的大小、羽毛的颜色、喙和脚爪的大小和形状，并观测它们的行为：有否鸣叫？是不是看上去在找什么东西？它们是安静地停在某处，还是跳来跳去？
- 认真观察，它们是独自呆着，还是和一群同类的鸟儿在一起？
- 仔细聆听它们的鸣叫：如何形容这些声音，清脆还是低沉，连续还是短促，听起来像什么别的声响吗？
- 稍后在《观鸟指南》上找一找你看到的鸟儿。有一些不同种类的鸟儿长得非常相似，开始，你会觉得很难分辨清楚。不过，等你有了一定的经验，就会变得越来越容易了！

鸟儿的旅行

正像我们在夏天要出门度假，许多鸟类也要进行每年一度的长途旅行，过上一个“假期”。不过，鸟儿的旅行有别于人类：它们的目的是为了生存。有些是难以抵御严寒；有些是因为栖息地食物短缺，比如下雪的缘故；还有的则是两个原因兼而有之。我们把鸟类的这种旅行称作迁徙。

鸟儿迁徙到何方

有的鸟儿迁徙到不远的地方，就好比我们从里斯本到阿尔加维度个假；另外一些则会迁徙到极其遥远的地方，甚至地球的另一端，比如北极燕鸥——我们的世界纪录保持者。

燕子和雨燕
你能分清谁是谁吗?

葡萄牙有迁徙的候鸟吗

和北欧相比，葡萄牙的冬季比较温暖，因此许多候鸟从北欧迁徙过来，享受几个月的暖冬。

大斑凤头鹃

但是也有一些鸟，只是在春夏两季居住于此，秋天便启程前往更暖和的地方，最受它们青睐的地区就是非洲。这类鸟中最有名的就是燕子、大斑凤头鹃和雨燕了，每年最冷的季节，它们就与我们告别，待到来年又和春天一起回来。对于它们来说，非洲的冬天才够暖和。

濒危的鸟类

人类和鸟类的关系已经不像以前那样密切了，如今许多鸟儿的生存环境正在被人类破坏。由于自然栖息地的破坏、非法的狩猎和抓捕，不少种类的鸟已经濒危或灭绝。

葡萄牙濒危程度最高的两种鸟类是大鸨(bǎo)和秃鹫。

大鸨

秃鹫

你愿意帮助拯救濒危鸟类吗

全世界面临濒危的鸟类一共有 1300 种之多，而在葡萄牙，生存受到威胁的鸟类也有 90 多种。幸好，许多人都在关心这些濒危鸟类的生存。你也可以直接或间接地帮助它们：可以直接参与保护鸟类的工作，也可以向你的朋友和同学介绍保护鸟类的知识。

中国也有不少自然保护组织，如果你感兴趣，就和其中一家取得联系吧。

怎样观测鸟类的迁徙

- 虽然一些迁徙中的鸟类只是在你家附近短暂停留，并不会驻足很长时间，我们还是可以比较轻松地观测到它们。不过要留意下面的提示哦。
- 一般来说，8 月到 11 月是观测候鸟的理想时节，不过 4、5 月份也是不错的机会。
- 在迁徙的季节里，候鸟几乎随处可见，不过在河口和湖泊处可以观测到大量的鸟群。
- 葡萄牙的西南部有些极佳的观鸟地点——圣维森特角和萨格里什岬（位于阿尔加维）。每年秋风起时，会有许多滑翔类的鸟儿（比如鹰类、兀鹫、鹳等）从这里经过，经常可以看到几百只鸟展翅翱翔的壮观景象！

我们可以
在野外
看到的
一些物种

黄缘鳌 (áo) 蛱 (jiá) 蝶
Charaxes jasius
亮灰蝶
Lampides boeticus
红灰蝶
Lycaena phlaeas
普蓝眼灰蝶
Polyommatus icarus
金凤蝶
Papilio machaon
大网蛱蝶
Melitaea phoebe
女神眼蝶
Hipparchia semele
红点豆粉蝶
Colias croceus

白俳眼蝶
Brintesia circe

菜蝶
Pieris brassicae

斑点木蝶
Pararge aegeria

绿豹蛱蝶
Argynnis paphia

南方棕爱灰蝶
Aricia cramera

地中海白眼蝶
Melanargia ines

红襟 (jīn) 粉蝶
Anthocharis cardamines

优红蛱蝶
Vanessa atalanta

单眼褐蛇目蝶
Maniola jurtina

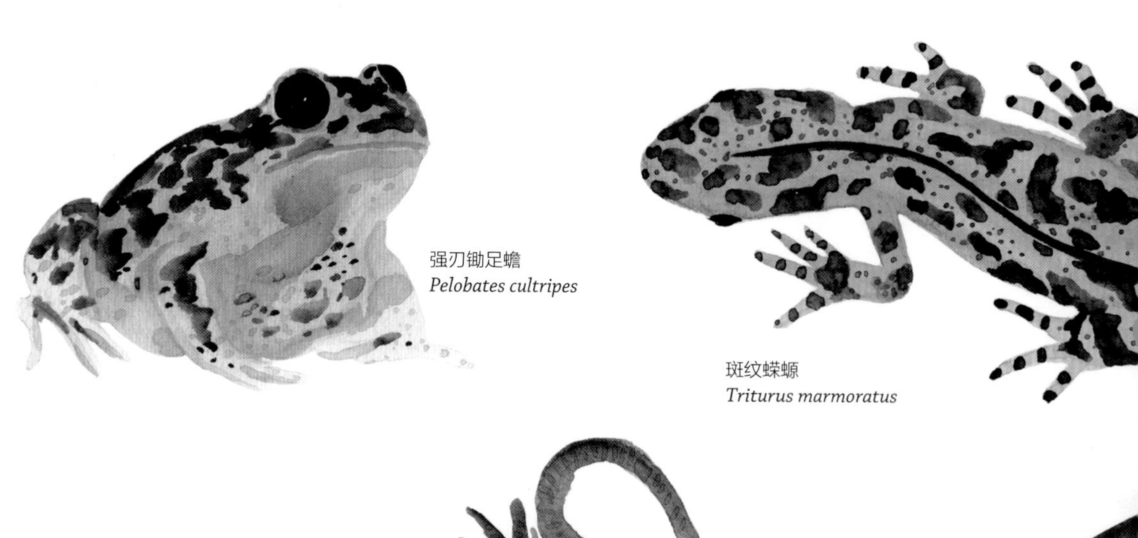

强刃锄足蟾
Pelobates cultripes

斑纹蝾螈
Triturus marmoratus

博斯欧螈
Triturus boscai

池蛙
Rana perezi

斑点合跗蟾
Pelodytes punctatus

无斑雨蛙
Hyla arborea

黄斑蝾螈
Salamandra salamandra
地中海雨蛙
Hyla meridionalis
尖肋蝾螈
Pleurodeles waltl
黄条背蟾蜍
Bufo calamita
大蟾蜍
Bufo bufo

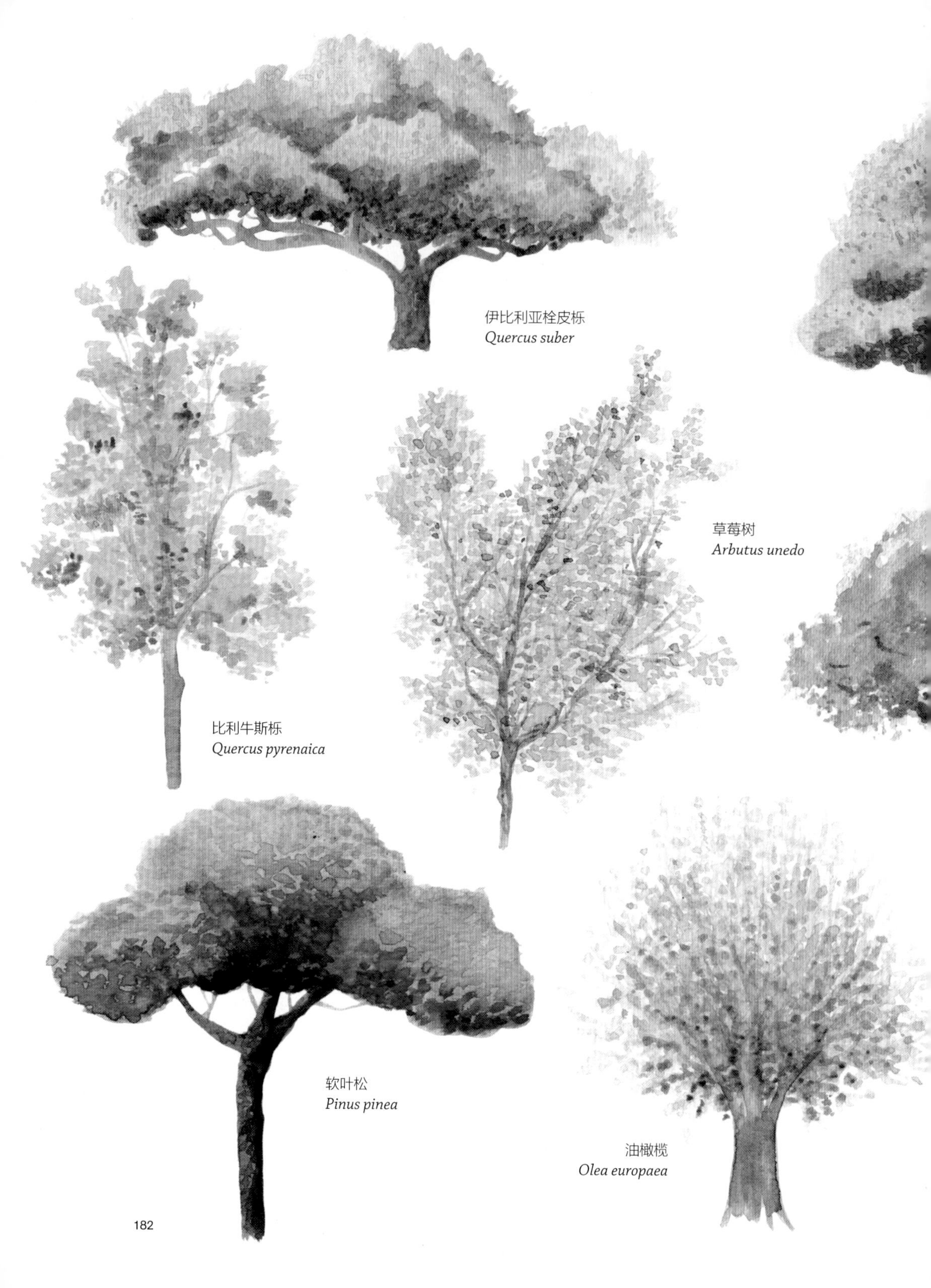
伊比利亚栓皮栎
Quercus suber
比利牛斯栎
Quercus pyrenaica
草莓树
Arbutus unedo
软叶松
Pinus pinea
油橄榄
Olea europaea

东欧栗
Castanea sativa
海岸松
Pinus pinaster
地中海柏 (bǎi) 木
Cupressus sempervirens
冬青栎
Quercus rotundifolia
欧洲桤 (qī) 木
Alnus glutinosa
毛桦 (huà)
Betula pubescens

白腹毛脚燕
Delichon urbica
灰斑鸠 (jiū)
Streptopelia decaocto
白鹡鸰
Motacilla alba
家燕
Hirundo rustica
红隼
Falco tinnunculus
黑燕
Apus apus
绿头鸭
Anas platyrhynchos
紫翅椋 (liáng) 鸟
Sturnus vulgaris
欧亚松鸦
Garrulus glandarius
红额金翅雀
Carduelis carduelis

白鹳
Ciconia ciconia
仓鸮（xiāo）
Tyto alba
欧亚鸲 (qú)
Erithacus rubecula
蓝山雀
Cyanistes caeruleus
小黑背鸥
Larus fuscus
欧金翅雀
Carduelis chloris
家麻雀
Passer domesticus
乌鸫
Turdus merula
黑顶林莺
Sylvia atricapilla
赭 (zhě) 红尾鸲
Phoenicurus ochruros

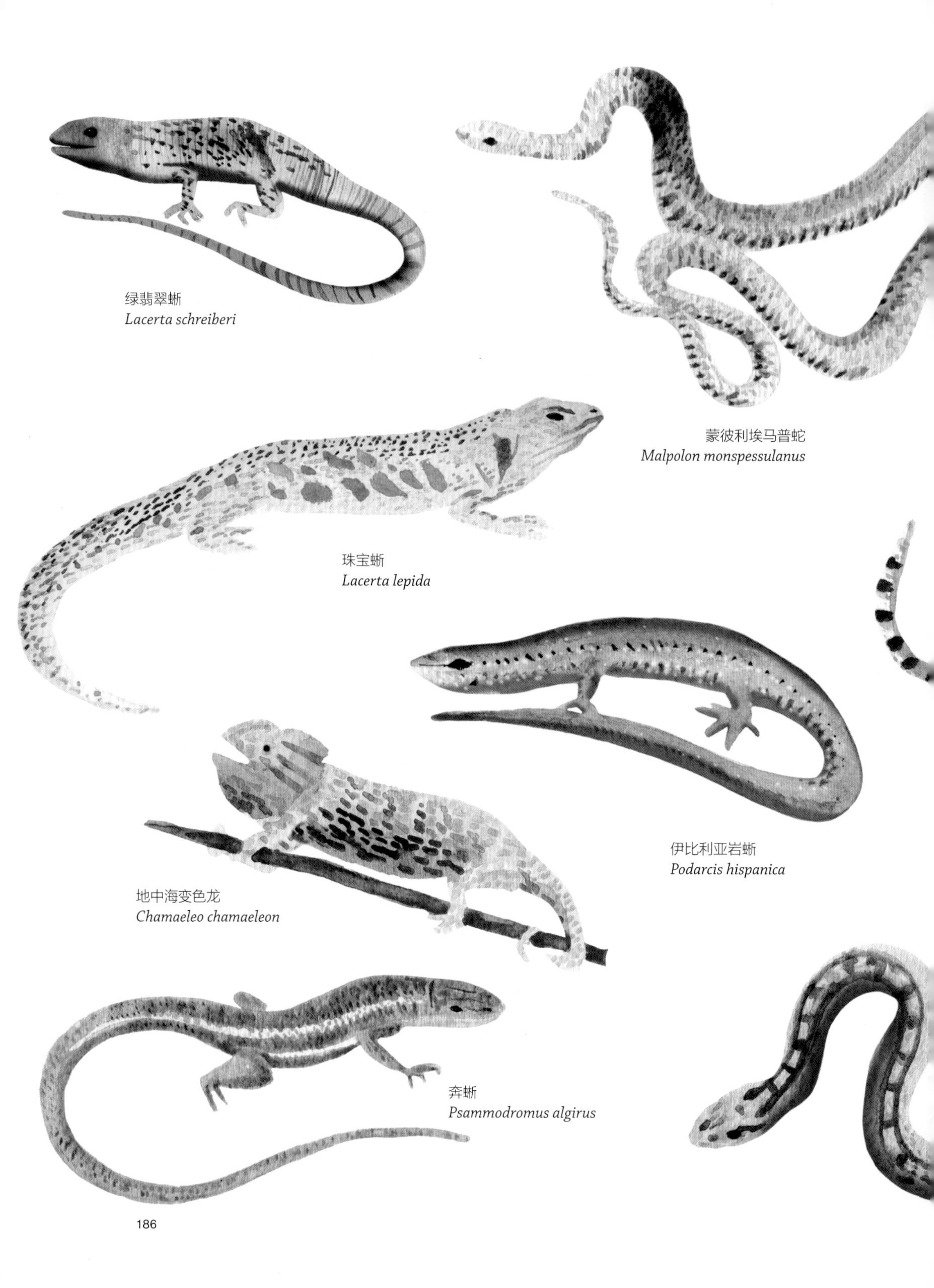
绿翡翠蜥
Lacerta schreiberi
蒙彼利埃马普蛇
Malpolon monspessulanus
珠宝蜥
Lacerta lepida
伊比利亚岩蜥
Podarcis hispanica
地中海变色龙
Chamaeleo chamaeleon
奔蜥
Psammodromus algirus

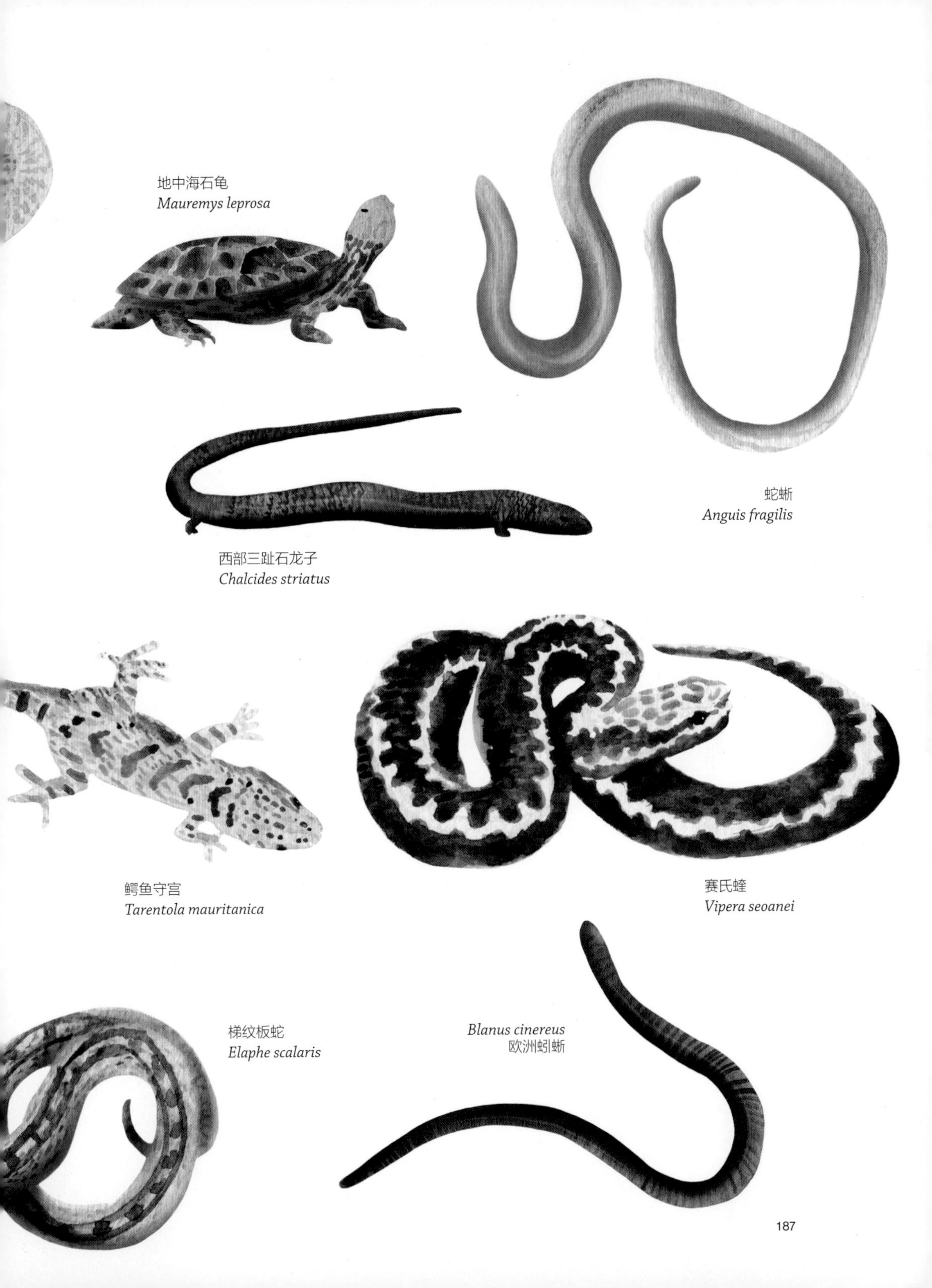

地中海石龟
Mauremys leprosa
蛇蜥
Anguis fragilis
西部三趾石龙子
Chalcides striatus
鳄鱼守宫
Tarentola mauritanica
赛氏蝰
Vipera seoanei
梯纹板蛇
Elaphe scalaris
Blanus cinereus
欧洲蚓蜥

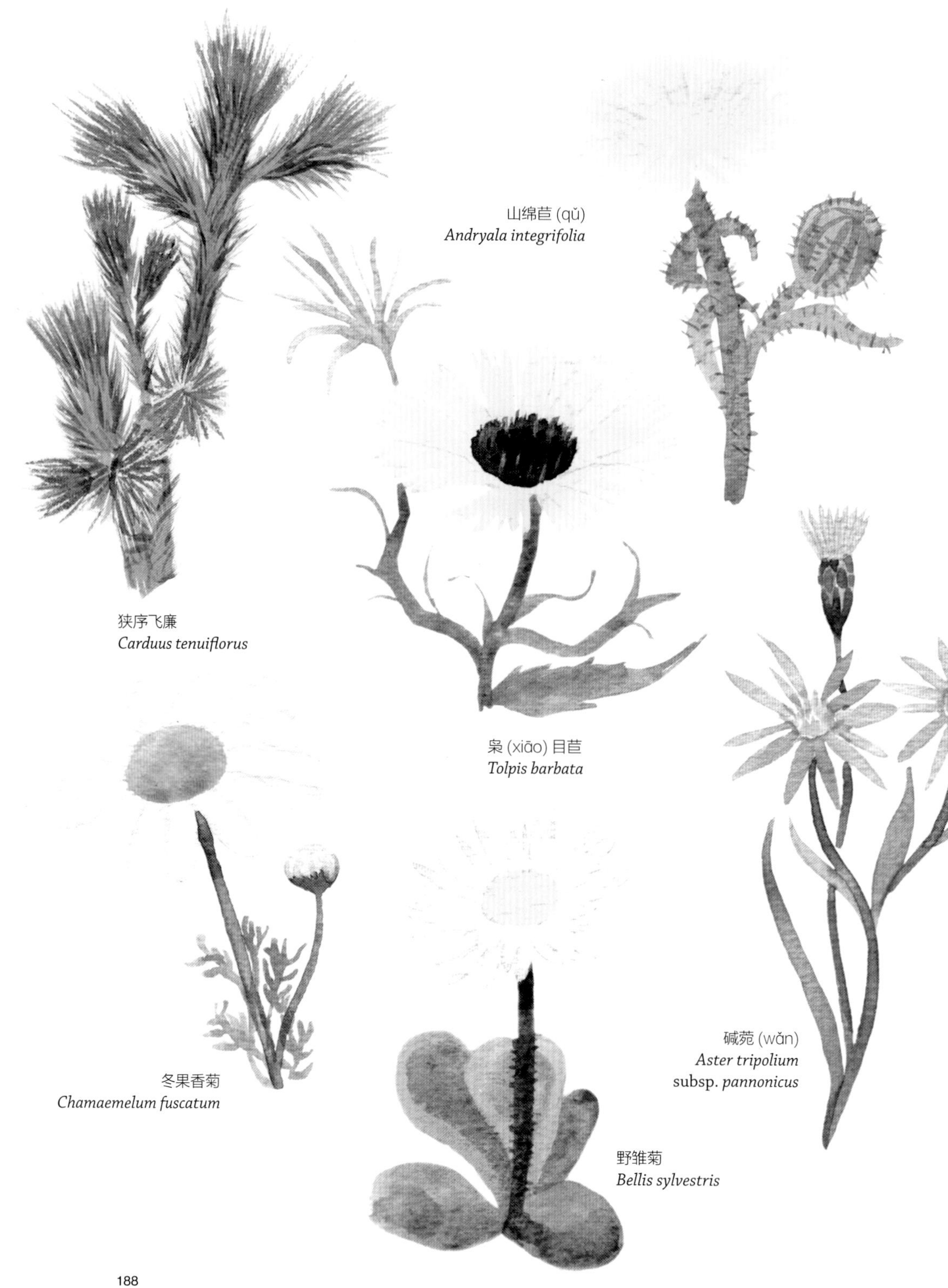
山绵苣 (qǔ)
Andryala integrifolia
狭序飞廉
Carduus tenuiflorus
枭 (xiāo) 目苣
Tolpis barbata
冬果香菊
Chamaemelum fuscatum
碱菀 (wǎn)
Aster tripolium subsp. *pannonicus*
野雏菊
Bellis sylvestris

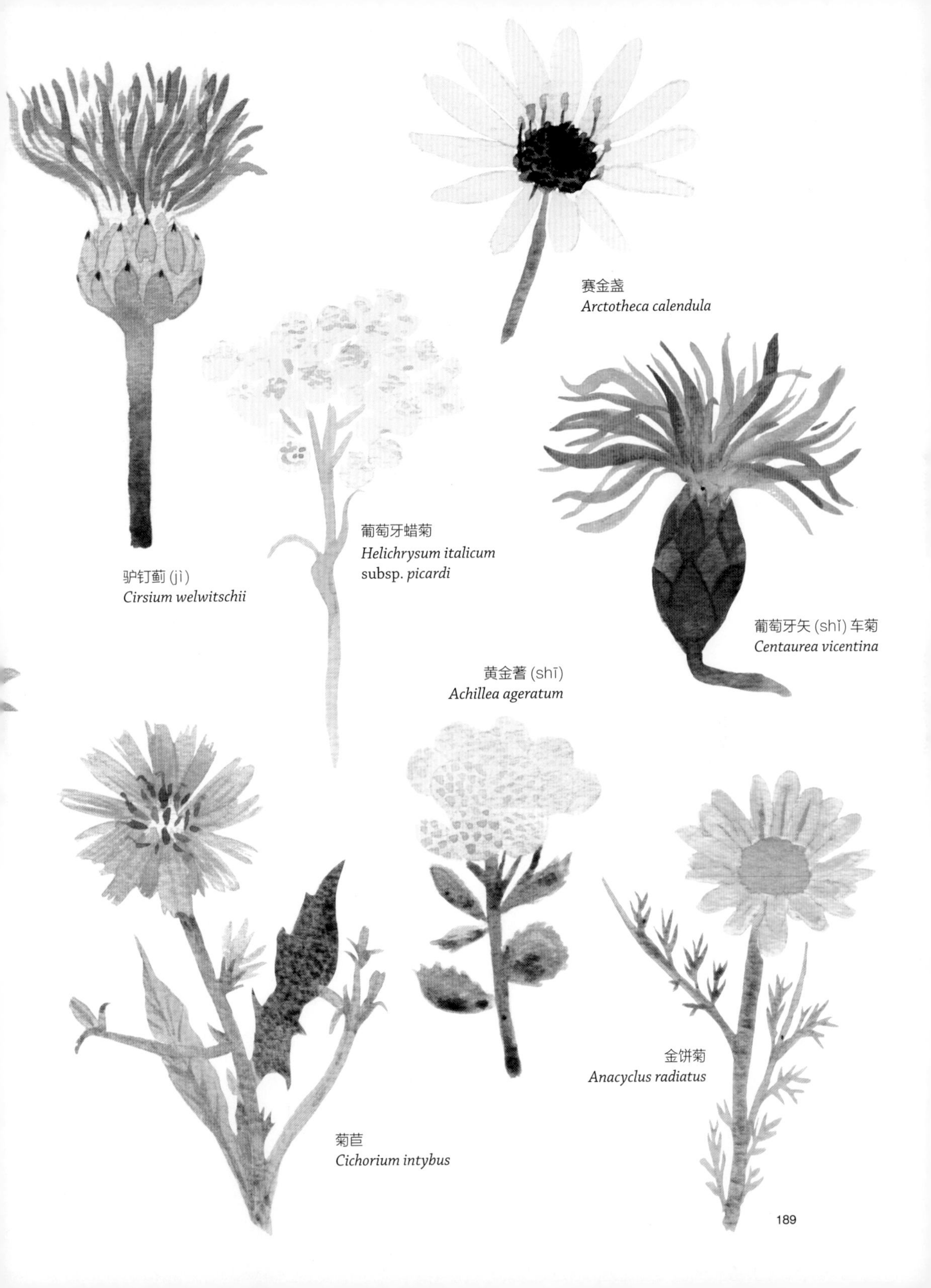
赛金盏
Arctotheca calendula
葡萄牙蜡菊
Helichrysum italicum
subsp. picardi
驴钉蓟 (jì)
Cirsium welwitschii
葡萄牙矢 (shǐ) 车菊
Centaurea vicentina
黄金蓍 (shī)
Achillea ageratum
金饼菊
Anacyclus radiatus
菊苣
Cichorium intybus

赤狐
Vulpes vulpes
大鼠耳蝠
Myotis myotis
马鹿
Cervus elaphus
伊比利亚猞猁
Lynx pardinus
獾
Meles meles
中麝鼩 (shè qú)
Crocidura russula

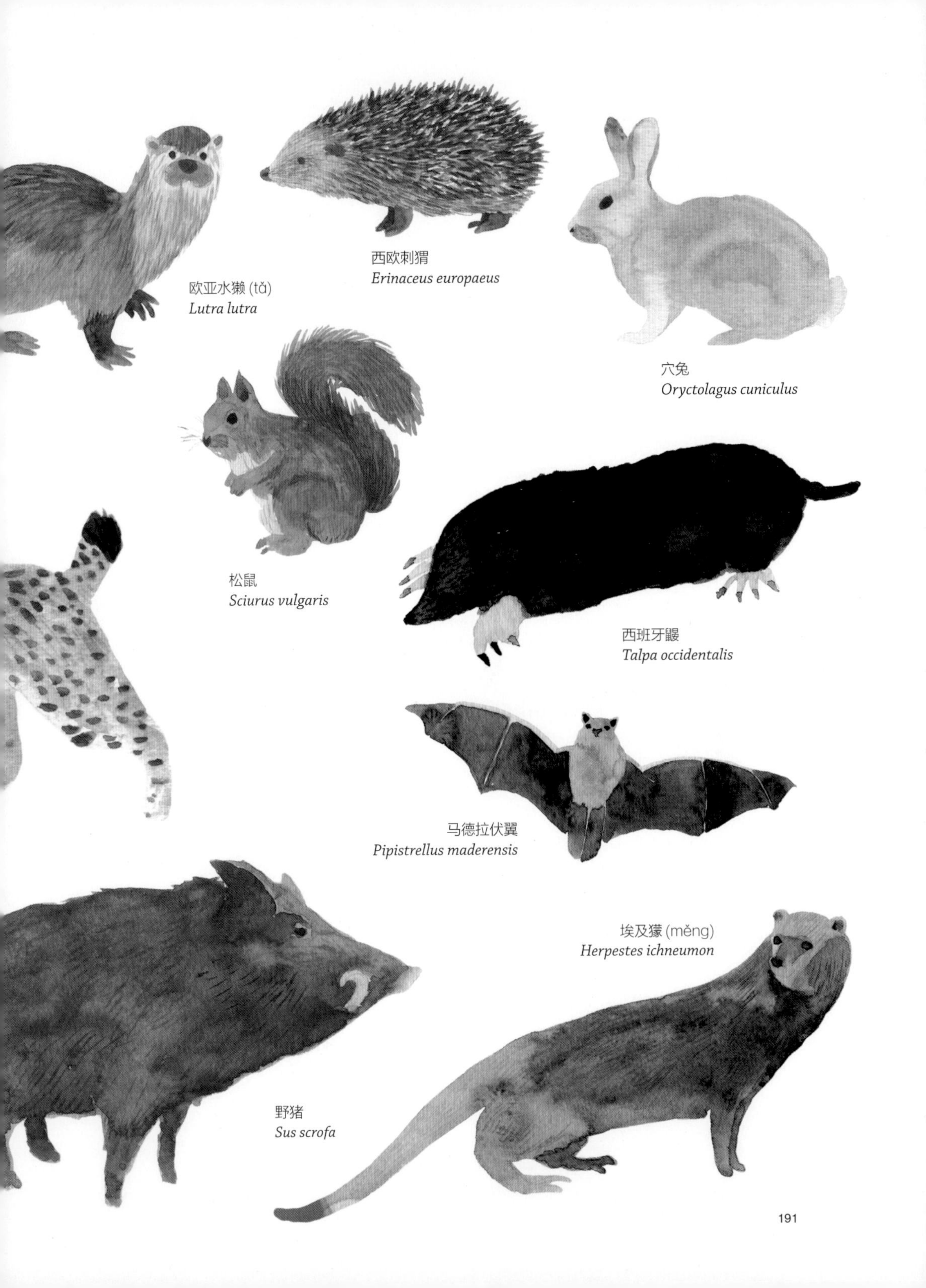
欧亚水獭 (tǎ)
Lutra lutra
西欧刺猬
Erinaceus europaeus
穴兔
Oryctolagus cuniculus
松鼠
Sciurus vulgaris
西班牙鼹
Talpa occidentalis
马德拉伏翼
Pipistrellus maderensis
埃及獴 (měng)
Herpestes ichneumon
野猪
Sus scrofa

蒙塔古小藤壶
Chthamalus montagui
角状墨角藻
Fucus ceranoides
章鱼
Octopus vulgaris
地中海槽沟海葵
Anemonia sulcata
驼峰螺
Gibbula sp.
锯齿长臂虾
Palaemon serratus
紫贻贝
Mytilus galloprovincialis
裸鳃海蛞蝓
Felimare fontandraui

普通刺蛇尾
Ophiothrix fragilis
帽贝
Patella sp.
海胆
Paracentrotus lividus
大叶藻
Zostera marina
普通滨蟹
Carcinus maenas
寄居蟹
Pagurus sp.
等指海葵
Actinia equina
鳚 (wèi)
Blennius sp.
红海盘车
Asterias rubens

爬行动物

——总是贴地而行

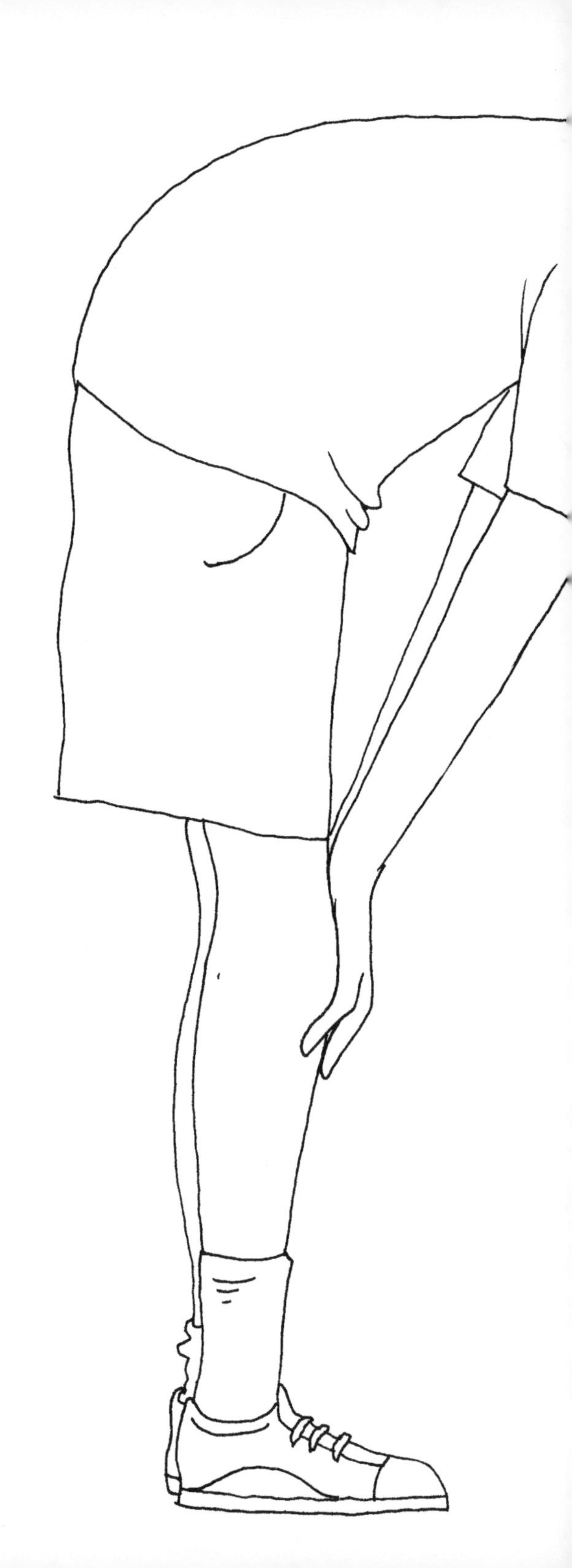

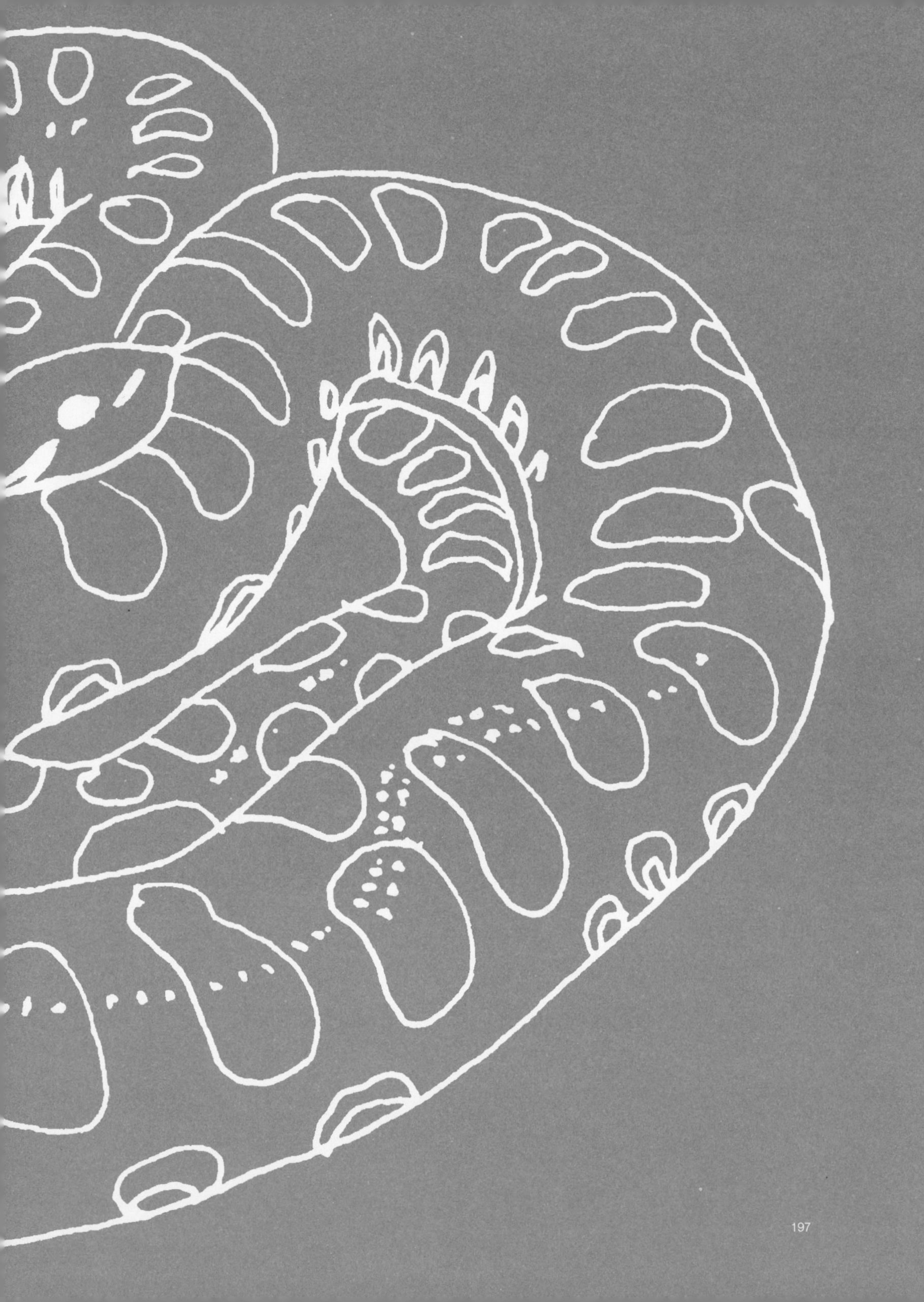

“爬行动物”来源于拉丁语“reptile”，意思是“贴地匍匐(pú fú)”。许多人害怕这种动物（一听到就毛发倒竖），尤其害怕毒性极强的毒蛇，被毒蛇咬到，甚至可能会丢掉自己的性命*。

除了毒蛇，还有许多对人无害的爬行动物，去找找吧……它们总是贴地而行(或者会爬到矮墙上)。

*注：在葡萄牙，只有少数蛇有毒性。

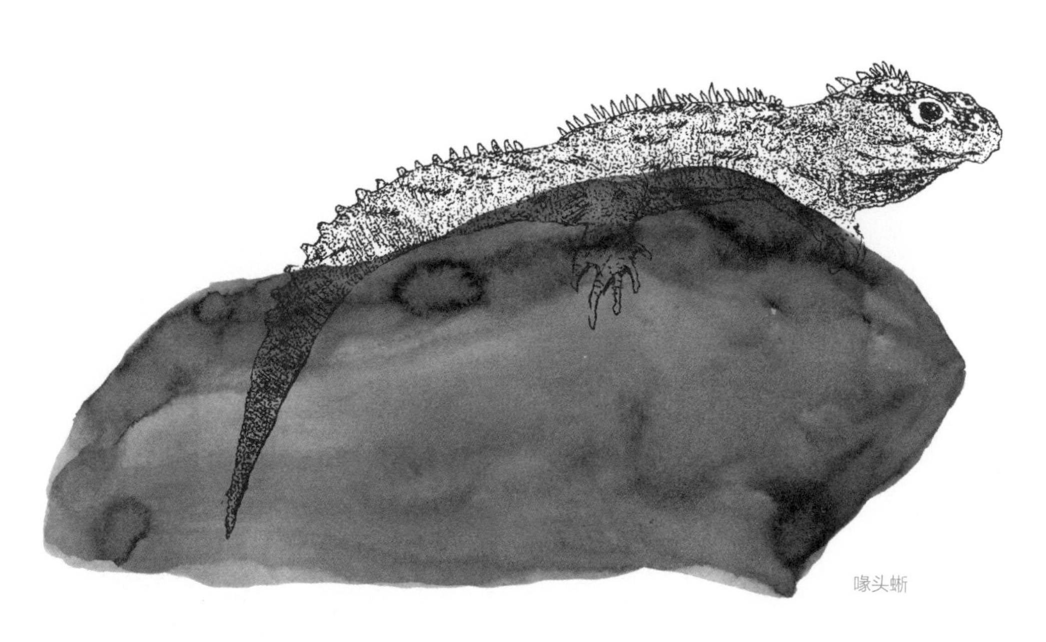

喙头蜥

什么是爬行动物

爬行动物被称作冷血动物，但是如果你在春天或夏天去触碰它们的皮肤，会觉得还挺暖和呢。这是因为爬行动物的体温是随着外界的温度变化而改变的，它们皮肤的热量来自外部环境；这一点有别于人类，我们皮肤的热量是由身体内部产生的。

举一个例子，爬行动物在准备早餐之前需要“热身”，不然它们就没有足够的能量去捕食。所以我们经常见到的一幕，就是壁虎在懒洋洋地晒太阳！生物学家把这类动物称为“外热源动物”。

与两栖动物相反，爬行动物大部分时间是在陆地上度过的，所以它们身体上需要长鳞片，这样可以避免流失大量的水分。

总而言之，爬行动物是身体表面覆有鳞片，总是贴地而行的冷血动物。

只要看到鳞片，就能说出它是谁

构成鳞片的材料是什么

爬行动物的鳞片是由角质构成的，构成我们的头发、汗毛、指甲以及鸟类脚爪和喙的材料也是角质。

爬行动物的鳞片和鱼的一样吗

不一样。爬行动物的鳞片是从皮肤最表面的部分（表皮层）生成的，而鱼类的鳞片是从更深的部分（真皮层）生成的。

爬行动物的鳞片都相同吗

不同。有的爬行动物的鳞片比较细小，比如蛇、壁虎、脆蛇蜥等，但是甲鱼、乌龟的鳞片则又厚又硬，叫做壳（图❶）。

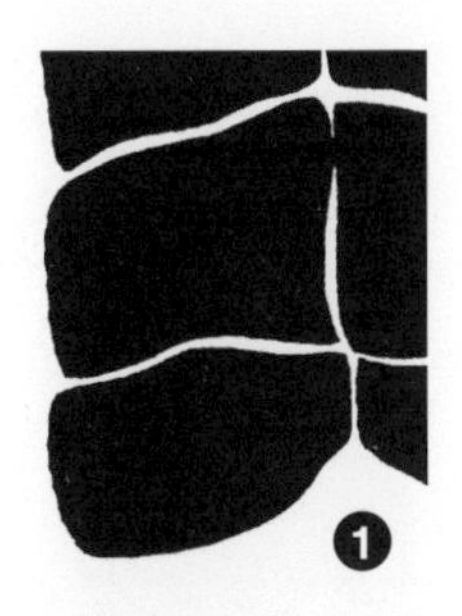

❶

有的爬行动物，如变色龙，它们的鳞片是颗粒状鳞片（图❷）。

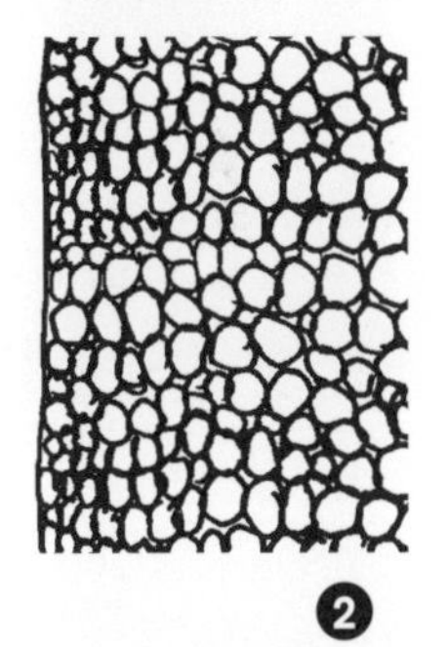

❷

蝰蛇和水蛇的鳞片是棱鳞（图❸），它们的鳞片中间有一条轻微凸起的线（所以这些种类经常被搞混）。

❸

奔蜥的鳞片是覆瓦状的，每一片都有一小部分互相覆盖，像屋顶上的瓦那样排列着（图❹）。

❹

它们都是谁

全世界爬行动物的家族庞大，种类也很多。为了容易分辨，我们按照一些基本特点将它们分为几大类。

最古老的一组是龟鳖目（如乌龟）、喙头目（如喙头蜥）、有鳞目（含蜥蜴亚目、蛇亚目）、鳄目（如鳄鱼）。其中有鳞目爬行动物是爬行类中数量、种类最多的一群动物。

龟鳖目

龟鳖目是现存于地球上最早的爬行动物种类，它们几乎和恐龙同时代！

喙头目

这种类别的爬行动物只有一个物种，并且只生活在新西兰。它就是新西兰喙头蜥，也是非常古老的物种！（除此之外，它们还有一个特征，我们之后再说。）

蛇亚目（属于有鳞目）

这里包括所有种类的蛇，无论是否有毒。蛇是无足的爬行动物，全身布满鳞片。部分蛇类拥有毒性，能令被其咬伤的生物受伤、疼痛以至死亡。

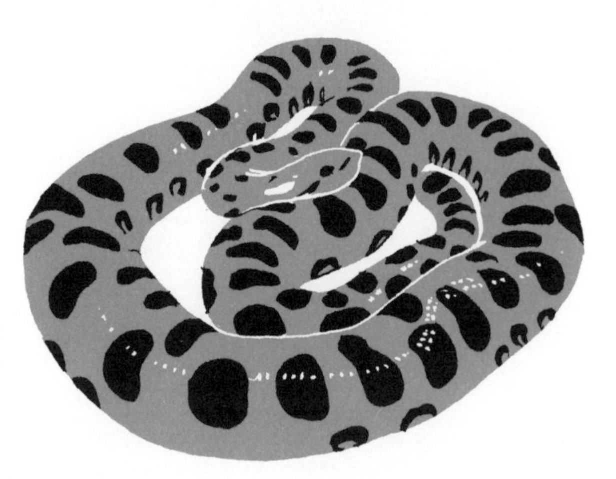

蜥蜴亚目（属于有鳞目）

蜥蜴类动物广布于除南极洲外的全球陆地。中国有蜥蜴类动物150余种，分布遍及全国。

鳄目

这一组的成员只有鳄鱼。它们和龟鳖一样，都在我们的星球上生活了上亿年。要注意，鳄鱼不是鱼，是爬行动物。

雷氏林蜥
Hylonomus lyelli

它们已经存在了多少年

爬行类动物已经在地球上存在了 3 亿多年！

雷氏林蜥是截至目前发现的最古老的爬行动物。（不过，由于科学家总是不停地探索，也许明天就有新的发现了。）

这些最古老的爬行动物又演化出其他的种类，这个过程持续了几百万年，科学家达尔文称这个过程为进化。许多种爬行动物的祖先已经灭绝了，比如恐龙家族；还有另外一些爬行动物，它们和恐龙一样古老，却一直繁衍到了今天，比如乌龟。

观察恐龙的脚印（是真的）

你知道吗？葡萄牙是全欧洲保存最多恐龙脚印的国家之一，这些脚印以侏罗纪时代的为多。

艾尔山脉是葡萄牙最重要的恐龙脚印观测地之一。它位于法蒂玛附近，在那里可以看到长长的两串恐龙的脚印，这差不多是世界上最长的恐龙脚印了。

这些蜥脚类恐龙留下的脚印现在已经被认定为自然遗产。

另外两处重要的地点在埃什皮谢尔角附近，分别是莫亚石矿场及拉戈斯迪洛石坑。那里发现了多串恐龙的足印，分别属于蜥脚类恐龙、兽脚类恐龙和乌臀龙。

如果你对恐龙感兴趣，可以研究一下如何区分这三类恐龙哦。

埃及獴

它们以什么为食？谁又以它们为食

爬行动物几乎全是食肉动物，也有一些种类的乌龟和大蜥蜴（比如鬣 liè 蜥）是素食或者杂食的。有的总是吃同一种食物，比如一些种类的蛇，就只吃蛋；还有一些甚至会以别的爬行动物为食。

不过，许多爬行动物也会沦为别的动物（比如鹰、雕等猛禽）的口中食物，而像鼬、浣熊、刺猬和狐狸等小型陆地哺乳动物也喜欢吃蛇。甚至我们人类也会食用爬行动物，在有些国家会吃鳄鱼肉、乌龟羹、蛇肉串……还有不少形形色色的吃法！

自卫战略（天生的演员……）

由于天敌众多，爬行动物会自导自演一些“戏剧”来保护自己，生物学家把这种行为称作“自卫战略”。根据面临的不同险境，爬行动物会上演一出出不同的好戏。

- 让身体肿胀，使自己的身材看上去比实际上魁梧得多。
- 把嘴巴张得巨大无比，同时发出大声的警告。
- 依照周围的环境伪装自己，比如变色龙就最擅长此法（生物学家称之为“拟态”）。

- 模仿更厉害的种类。比如水蛇会把脑袋摆成蝰蛇进攻时的姿势，来吓唬妄图侵犯它的敌人。
- 装死。水蛇在感觉到危险的时候，会装成已经死了的样子，还释放出一种难闻的分泌物。
- 一些种类的壁虎、摩尔壁虎和蜥蜴会自断尾巴，断掉的尾巴会自己扭动，看上去好像是另外一个动物在挣扎一样。这样，趁着敌人去抓尾巴，它们就逃之夭夭了。
- 如果上面这些花招都不顶用，那就咬吧！

壁虎

爬行动物有多少只眼睛

爬行动物除了正常的两只眼睛以外，还有一只特殊的眼睛：颅顶眼。这只眼睛长在头顶的正中间，但是它其实什么也看不见，只是用来感觉周围光线计量太阳光强度而调节体温的。颅顶眼最发达的爬行动物是喙头蜥，它们生活在新西兰，是非常古老的物种。

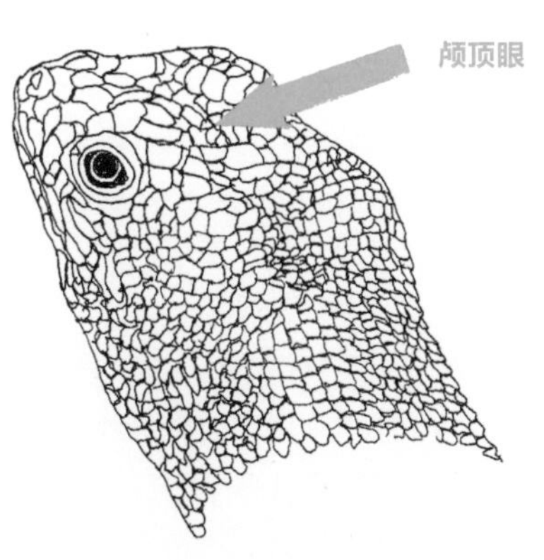

爬行动物的宝宝是怎么生出来的

爬行动物的胚胎基本都是从卵（蛋）里孕育出的，所以大部分爬行动物都是卵生动物。

通常来说，爬行动物的蛋都会被埋在土里保护起来，当雏儿破壳而出的时候，已经准备好开始它们自己独立的生活了。

一种很罕见的情况是，雌性动物筑窝、下蛋，并守护着宝宝直到它们孵化出来，并且有时甚至继续照顾它们一段时间，比如一些鳄鱼就是这样。

有些爬行动物不把蛋生出来，它们的胚胎在蛋里面发育，而蛋一直在妈妈肚子里，直到它们破壳而出，妈妈才一起把蛋生下来。这种动物就叫作卵胎生，比如蝮蛇就是如此。

也有一些爬行动物是胎生的，就像哺乳动物那样，比如西部三趾石龙子。

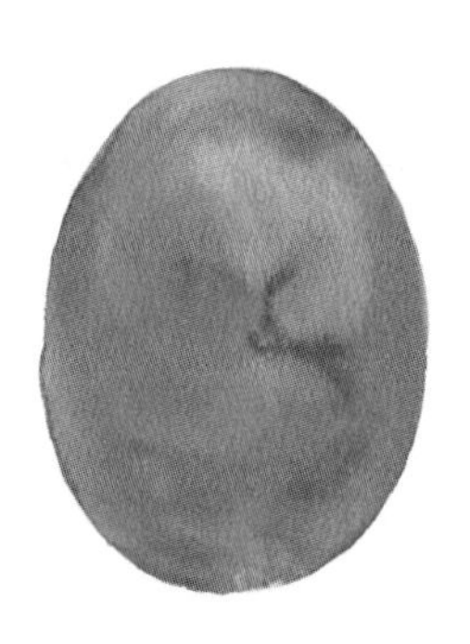

关于鳄鱼

世界上最大的爬行动物是生活在海洋里的咸水鳄（湾鳄），它们身长可达 7 米多，重量能超过 1500 公斤!

蛋是怎么来的

需要有一只雄性动物和一只雌性动物一起才能把蛋生出来，并孵出宝宝。每一只动物体内都有一种“种子”用来繁衍后代。对于雄性来说，这种“种子”叫做精子，而雌性的“种子”叫做卵子。当它们结合在一起，就形成受精卵了。也许你会说：“这有什么稀奇！不都是这样吗？”

所有的动物都是这样吗？事实上，还真有例外。比如在有的地方，只有雌性的壁虎，它们只用卵细胞就可以生蛋！而所有的壁虎宝宝都和妈妈一样是雌性，从来也没有雄性的壁虎出生。这种现象叫做“单性生殖”。

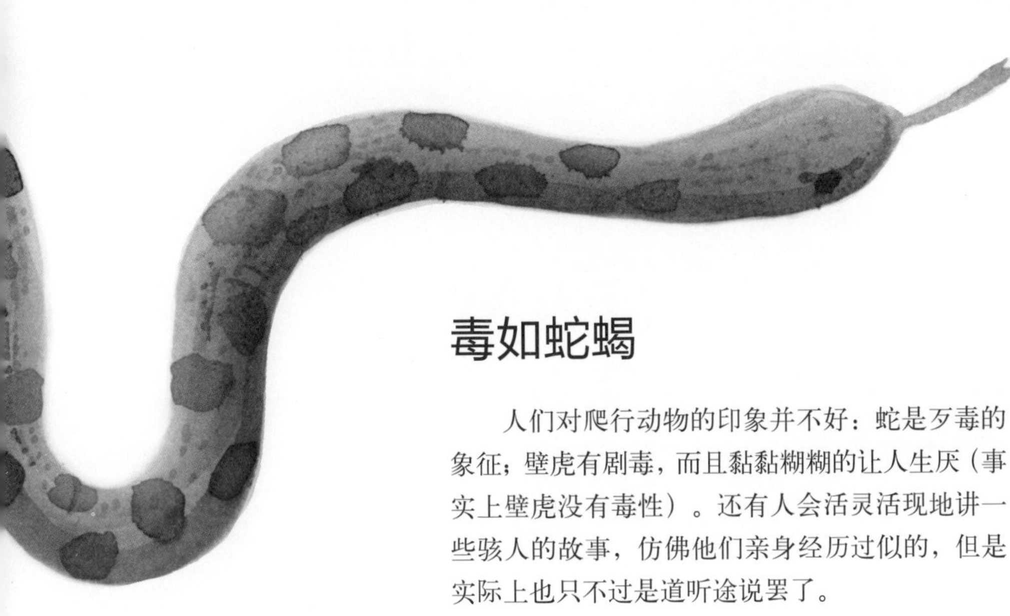

毒如蛇蝎

人们对爬行动物的印象并不好：蛇是歹毒的象征；壁虎有剧毒，而且黏黏糊糊的让人生厌（事实上壁虎没有毒性）。还有人会活灵活现地讲一些骇人的故事，仿佛他们亲身经历过似的，但是实际上也只不过是道听途说罢了。

但是爬行动物的这些差评都是名副其实的吗

当然不是了！大部分爬行动物都没有毒，而且也不都是黏黏糊糊的。它们的体表有鳞片，皮肤是干燥而不是潮湿的。比如蛇的皮肤就是如丝绸般光滑，摸上去甚至还觉得很舒服呢。（不过当然，如果你看到一条蛇，千万不要去碰它……）

所有的动物在自己的生存环境中都自有其作用，爬行动物也是。如果所有的爬行动物都消失了，你能想象会发生什么吗？许多其他种类的动物数量会增多，自然界就会失去平衡。比如壁虎吃蚊子，而蛇吃田鼠，这样各种动物的数量才能保持一个相对的平衡。

只讲给喜欢听恐怖故事的人……

有人不慎喝了一口杯中掉进了一条壁虎的水，然后他就死去了！这种说法流传甚广，但是却是谣传。壁虎是没有毒性的，如果它从天花板上掉下来（并碰巧落入杯中），它只是在那里捕捉昆虫然后不小心失足而已。

把自己当做一位爬行动物学家

到野外转一圈，看看能不能遇上一些爬行动物。带上相机，给这些动物拍个照，之后比照前面的图片，就可以从容地验证它们的身份了。最后再列一个名单，把你遇到的所有爬行动物写进去。

寻找爬行动物

什么时间去寻找

冬天寒风刺骨，爬行动物纷纷冬眠了；夏天烈日炎炎，动物又会找阴凉处避暑。所以毫无疑问，春天阳光充足，是寻找爬行动物的最佳季节。

在哪里寻找

最佳的观察时机是它们晒太阳的时候。矮墙、大石块、树干或者其他向阳的地方都是理想的观察场所。

哪些爬行动物是最容易遇到的

岩蜥是最常见的爬行动物。

小窍门

- 有个小窍门可以帮助你近距离观察岩蜥：用一根小棒蘸点蜂蜜，或者拿些水果碎块吸引它靠近。
- 有些爬行动物昼伏夜出，比如壁虎。所以，如果要看到它们，就要等到晚上了。夏季壁虎会出现在家里的墙壁上，尤其喜欢趴在台灯脚边，等着捕捉昆虫。
- 有时候白天也能见到这些爬行动物，因为它们会在安静的暗处休憩（比如邮筒旁边）。

海岛动物

在葡萄牙，有33种本土的爬行动物，还有2种生活在葡属群岛上：野岛（塞尔瓦任斯群岛）上的一种壁虎和马德拉群岛上的一种岩蜥。

你想过没有，这些动物是如何跑到海岛上定居的呢

这些岛屿实际上是四面环水的小片陆地，它们与大陆相隔遥远。

在这些岛屿还没有成为岛屿之前，有的动物就抵达了那里。就拿珠宝蜥和贝尔连卡斯岩蜥来说吧，它们早在冰川时期就到了贝尔连卡斯岛所在的地方。那时的地球寒冷无比，那个地区也还没有形成海洋，因此从陆地就可以到达。

对于那些距离大陆更加遥远的岛屿，更常发生的是另一种情况：动物搭“顺风船”前往（鼠类就擅长于此），或者是由人类把它们携带过去的。比如，人类曾经把兔子带到某些岛屿上，却给当地生态带来了祸患。因为兔子繁殖得非常快速，就变成了一个侵略性的物种，从而侵害到当地其他的生物。

也有的动物没有借助于人类的活动，它们自己或飞或游，或借助其他的浮游植物迁徙到了海岛上。

本土物种与地方特有种的区别

本土物种是指在某一地区或某一生态体系中自然存在的物种。或者说，没有经过人工干预而存在于该地区的物种；但是不一定是只在本地区才有（也可以同时是其他地区的本土物种）。

地方特有种指的是在地球上某一地区产生的，且只在该地区才有的本土物种。比如马德拉群岛上的壁虎和岩蜥，产生于马德里群岛，并且地球上任何其他地区都不出产这些物种。

去一趟贝尔连卡斯岛群

岛上的生活是不同的

当一种动物第一次到达一个海岛，一切都变得不同：这里的物种与陆地上的不同，甚至连它以前的天敌也遇不到了。不过这当然是一件好事，如果没有别的动物捕食它，这种动物就会变得放松，寿命也会增长，它们的行为方式也会因此发生改变。

随着时间的流逝，在同一物种之间，如果将继续留在陆地上的和迁徙到海岛上的群落进行对比，会发现它们之间的差异越来越大，甚至演变为两种截然不同的物种了。这又是进化的一大杰作！

贝尔连卡斯岩蜥

我们已经提到过的贝尔连卡斯岩蜥就是上述情况的一个例子，它们被认作是卡波纳岩蜥的一个亚种。它们的区别：贝尔连卡斯岩蜥体型比卡波纳岩蜥大，腹部颜色更深。

去贝尔连卡斯岛群看珠宝蜥和岩蜥

去贝尔连卡斯岛群的话，你必须在佩尼谢坐船，当天就可以往返。别忘了带上合适的鞋子，还有帽子、照相机和望远镜（来观察鸟类）。

参照“把自己当做一位爬行动物学家” 一节里的提示。

马德拉岛上的岩蜥

珠宝蜥

珠宝蜥

居住在贝尔连卡斯岛群的珠宝蜥和大陆上的蜥蜴相似，但是性情要比后者温和。为什么呢？

陆地上的蜥蜴单独居住于自己的领地，一旦发现有入侵者，就会对其发动凶猛的攻击；贝尔连卡斯岛群上的蜥蜴则是同伴之间共享生活空间的，它们之间并不经常发生争执。

还有一个区别：贝尔连卡斯岛群上的蜥蜴比大陆蜥蜴的腿要短一些。生物学家认为，这是因为岛上没有它们的天敌，因此就不用总是奔跑的缘故。

在葡萄牙常见的其他爬行动物

两种乌龟

葡萄牙有两种本地乌龟，它们是地中海石龟和欧洲池龟。

地中海石龟是很常见的物种。也许在某个小水塘边，你已经见过它们在懒洋洋地晒着太阳……去找找看！它们的壳是灰绿色（也有棕色）的，颈部和前足可见橙色的线条。如果它被抓到，会释放出一种非常难闻的液体来熏走敌人。春天是观测地中海石龟的大好时节，找一个阳光明媚的日子，在水塘边、湖畔和水流较缓的小溪旁都可以找到它们。

欧洲池龟在葡萄牙比较罕见（虽然它们生存在欧洲的许多国家）。龟壳为黑色、灰色或者棕色。头部、足部和龟壳处可见黄色的条纹或者斑点。它们十分青睐植被丰富的河流和水塘；如果是在受到污染的水域，可就难觅它们的踪影了。如果没病没灾的话，它们可以活到 100 岁！然而，这种乌龟在葡萄牙的生存状况面临严重威胁，已经被列入濒危物种。主要原因是它们的自然栖息地受到了破坏。此外，人类的捕捉以及其他乌龟种类的引进（比如引进美国的红耳龟）也是它们生存受到威胁的原因。

欧洲池龟

地中海石龟

普通变色龙

葡萄牙只有一种变色龙，就是地中海变色龙。它们的尾巴较长，有执握力（可以像手一样去抓东西），眼睛突出（可以同时向不同的方向转动），舌头也是长长的。当变色龙发现一只昆虫的时候，就会紧紧盯住它，慢慢地将舌头靠近，当舌头碰到昆虫，就会将它黏住并送到嘴巴里。但是这个动作太快了，一瞬间就已经完成，肉眼很难看清楚这个过程。

变色龙的特点

当然是变色了！但是这究竟是怎么回事呢？

变色龙改变颜色的原因有多种。

◎用于伪装。变色龙改变自己的颜色，使其更加接近它藏身的植被颜色，这样，天敌就很难发现它了。

◎用于改变体温。当身上冷的时候，变色龙的颜色就会变深，因为深色更利于吸收光线，这样它们晒太阳的时候就会更快地暖和起来。最有趣的是，变色龙可以让身体的一侧颜色变深，而同时另外一侧变浅！

◎为了根据心情搭配“服装”。变色龙体表的颜色和花纹也会根据它的心情改变哦，并且还能用来互相交流。比如，如果一只雌性变色龙怀孕了，它的颜色就会变得很深，并且还会长出彩色的斑点呢（黄色、红色、橙色和绿色）。

夏日炎炎好恋爱

每年 6 月份，天气一热起来，变色龙就进入了恋爱的季节。雌变色龙会连续好几个星期呆在同一棵树上，而雄变色龙则相反，它们会奔走好几公里去寻找雌变色龙！当一雄一雌相遇，就会用几天的时间呆在一起，确信这只雌变色龙已经怀上身孕，雄变色龙就会出发，寻找下一只雌变色龙去了。

受精卵在变色龙妈妈的肚子里要发育 35 天左右，之后变色龙妈妈会寻找一处好地方，并挖掘一个深达 20 厘米左右的洞。但是由于它们的前腿太短了，这个辛苦的工作经常要一两天才能完成！大功告成之后，变色龙妈妈就将蛋下在洞里，并且非常小心地把它们埋好。这些工作实在是太耗费精力了，以至于许多时候当这些任务完成时，它们的生命也很快就要完结了。

埋藏在土里的变色龙蛋自行孵化，大约 9 个月后，小变色龙就破壳而出了。它们刚出壳时只有 3 厘米长，但是已经会独自捕食了。所有的小变色龙同时破壳，合力挖开土，非常迅速地找到一处适合它们生活的灌木丛。

它们的新生活就从这里开始了！

去阿尔加维村庄远足吧

在葡萄牙观察变色龙，阿尔加维是最理想的地区了。找一个假日去远足吧。最佳观测地点是果尔多森林，那里的变色龙数量最多；另外还有塔维拉岛，那里更容易观测到这种小动物。

到哪里找

虽然变色龙喜欢爬到松树枝上，但是在低矮的金雀花丛中更容易观测到它们。

如何观察

你要耐心而又仔细地盯着每一根枝条分辨，因为变色龙很善于伪装。而且如果它们看到有人在旁窥测，就会立刻躲到枝条后面去。

小窍门

背着光观察树枝，这样更容易看清变色龙的侧面轮廓。晚上它们睡觉的时候会变成黄色，这时候就非常容易看清楚了。记得带上手电筒！

别轻易放弃！可能需要很长时间才能找到变色龙，哪怕对有经验的生物学家也是如此。不过，说不定你的运气很好，可以一下子就找到它们哦。

花儿

——一朵花有什么用

不是一切事物都必须有一样所谓的用途的。

不是吗？

花儿尽情开放，只是为了让我们的眼睛去欣赏、惊艳，这就足够了！

不过，对一株植物来说，花儿可不仅仅是为了展现它们的美丽而存在的，它们有非常重大的作用！

是什么呢？

睁大眼睛，深呼吸，准备好了吗？让我们进入这个色彩缤纷、芬芳四溢、蜂蝶飞舞的美丽世界！

它们在哪儿

玫瑰、康乃馨、郁金香、百合、花环菊……大家都认识这些鲜艳美丽的花儿。但并不是所有的花儿都和它们类似，有着较大的花形和艳丽的色彩。有些花儿非常迷你,只有借助放大镜才能看清楚。有些并不是人工种植的，它们自然生长，星星点点地点缀在草场、菜园以及碎石路的石头缝隙里。

有些花园里栽种的花并不是本地原产的，它们种植广泛，世界各地的人们都欣赏它们的美丽，比如玫瑰、三色堇(jǐn)、朱槿(jǐn)、大丽花等等。

不仅在花园，在菜园里我们同样可以看到许多花，比如西葫芦花、西瓜花、甜瓜花和黄瓜花等。连洋葱、胡萝卜、鸡蛋果（它们是雌雄同株的）也会开花呢。

在一些意想不到的地方也有花儿竞相开放。当你漫步在一个小镇上，不经意间也会看到在碎石路的缝隙里生长着许多野花。是的，野草也会开花呢。

大丽菊

许多花都会生长在矮墙或者屋檐上，比如玉石景天、脐景天等等。

在人行道旁或小道上，生长着白车轴草、花叶滇苦菜、新疆白芥以及琉璃繁缕等等。

如果有零星的空地，那里也许会长出酸模、毛乳刺菊、狮牙苣、克里特花葵、欧亚针果芹、花环菊，甚至罂粟花。

远离城市的地方往往有灌木丛，那里也会开出形形色色的花儿来，比如岩蔷薇、海蔷薇、金雀儿、帚石南、迷迭香，还有法国熏衣草等。

葡式碎石路是非常符合生态设计的

葡式碎石路上的缝隙看上去是微不足道的小空间，但是，如果把这些缝隙里的土都合在一起，将是面积很大的一块土地！要知道，在这些石块的缝隙中生存着许多动植物，而且它们还有一个重要作用：让水可以渗透到土层里去。

三色堇
Viola x wittrockiana

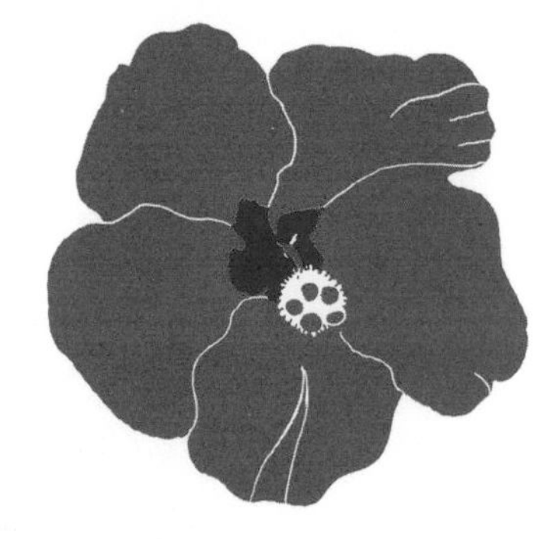

朱槿
Hibiscus rosa-sinensis

洋葱花
Allium cepa

西葫芦花
Cucurbita pepo

法国薰衣草
Lavandula stoechas

鸡蛋果花
Passiflora edulis

黄瓜花
Cucumis sativus

西瓜花
Citrullus lanatus

蔓柳穿鱼
Cymbalaria muralis

胡萝卜花
Daucus carota
甜瓜花
Cucumis melo
白车轴草
Trifolium repens
岩蔷薇
Cistus ladanifer
迷迭香
Rosmarinus
officinalis
帚石南
Calluna vulgaris
花叶滇苦菜
Sonchus asper
大琉璃繁缕
Anagallis monelli
蒲公英状狮牙苣
Leontodon taraxacoides

一朵花有什么用

植物开花肩负着繁殖的重大使命，简单地说，就是用来生长出新的植物。

世界上怎么会有花

花是由叶子变形演变而来的。或者说，几亿年以前，世界上还没有花，有一些植物的叶子开始发生了非常缓慢的变化。经过漫长的时间，它们演变成了今天我们所看到的花的模样。

花儿为什么这样芬芳

一般来说，人们都会非常喜爱花朵的芬芳。不过，花儿并不是为了取悦人类的鼻子，才把自己搞得香气四溢的。它们本是为了吸引昆虫，让它们闻香前来驻足，这样就可以利用昆虫把花粉带到另外一朵同种的花上，以完成传粉。

什么是传粉

传粉就是将花粉从雄蕊传递到雌蕊的过程（要知道种子，也就是植物宝宝，就是在这个过程中诞生的）。

当传粉发生在一朵花之间，或者发生在同株植物的两朵花之间时，我们称之为同花传粉；当传粉发生在不同的植株之间时，我们称之为异花传粉，这也是更为常见的一种传粉方式。在异花传粉时，植物就需要外力的帮助来进行繁殖了（通常是借助昆虫或者风力）。为了吸引外力，它们也有一些窍门哦。

✳

辨别花朵的不同部分

要辨别清楚一朵花的不同部分并不是那么容易，因为有些花的各个部分会生长在一起挤成一团，这样一来，每个部分都会因为太小而难以辨认。

小提示

- 收集不同种类的花朵，最好是花形比较大的，这样辨别起来就会更容易。
- 将花朵不同部分分开，注意一定要小心翼翼，参照下页的指引辨识出它们。
- 你将会看到不同种类的花儿形态各异，但是它们有共同点：有多根雄蕊和多个彩色的花瓣，但是只有一根雌蕊。

叶子逐渐变形（变态），演变成了花朵的各个部分。

花瓣

有不同的颜色，用以吸引昆虫。

雌蕊

花的雌性繁殖器官。由花柱、柱头、子房组成，胚珠在这里形成。

雄蕊

花的雄性繁殖器官。由花丝、花药组成，产生花粉。

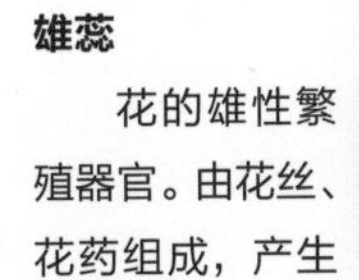

花冠

花瓣的总称。

花萼

萼片的总称，花冠下的绿色部分，起到保护花蕾的作用。

花儿用什么来吸引昆虫

这是一个甜蜜的小伎俩。有些昆虫，比如蜜蜂，除了花粉之外还喜欢吸食花蜜，就是花儿“生产”出的一种甜甜的液体。当蜜蜂采蜜的时候，花粉会沾在它们的脚上，当它们又飞到别的花上采蜜时，花粉就会被带到那里，这个过程对于植物的繁殖来说是必不可少的。

有些花散发出的不是香味，而是一些闻上去很恐怖的气味，比如臭肉的味道。这时虽然美丽的蝴蝶不会被吸引，苍蝇却会嗡嗡地扑过去，它们喜欢的就是这种气味。

✳ 编一个花环

你可以尝试着用小雏菊编一个花环。剪下一些差不多长短的花枝（12—15 厘米），将枝条缠绕起来，可以在上面多插几朵花，一直编织到和你的头围差不多大小，就可以戴上这美丽的花环了。

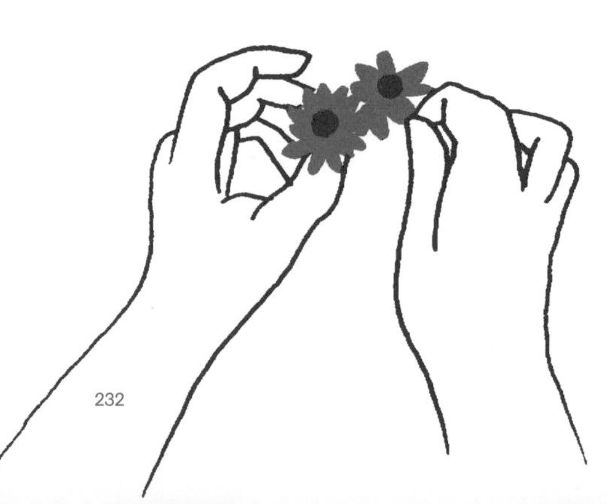

表里不一
（植物吸引昆虫的其他技巧）

模仿昆虫的花

不是所有的花儿都只是依靠彩色的花瓣和萼片吸引昆虫前来授粉。有些花儿的花瓣和萼片长得就像昆虫的样子，比如兰花，它们的外观就像翩翩起舞的蝴蝶。有的兰花还会模仿某种具体昆虫，而这种昆虫正是可以为它们授粉的那种。

绘制路线图的花

为了确保昆虫能够找到花粉和花蜜，有的花儿会长出一些线条来指引方向，就像专门绘制的路线图一般。我们的眼睛有时候是看不到这些线条的，但是昆虫的视力区别于人类，它们看得就很清楚。

兰科植物

真的是花瓣吗

有些花几乎不长花瓣，它们就用别的方法来“伪造”出一个漂亮的花冠。它们往往有较大的花萼，并且生有颜色，这样看上去就和花瓣无异了。我们熟悉的郁金香和百合花就是这样。有的花儿本领更大，它们会将叶子加以变形，使它们看上去就像是艳丽的大花朵。叶子花就是一例。在它们艳丽的假花内部，你会看到一些白色的小小碎花，这才是叶子花真正的花。

斯普林格郁金香

花开过以后

植物开花后便是结果，花儿会变成果实，保护种子，并且用它们饱满的外形、芬芳的气味和香甜的味道吸引动物前来享用。这个特性非常重要。为什么呢？

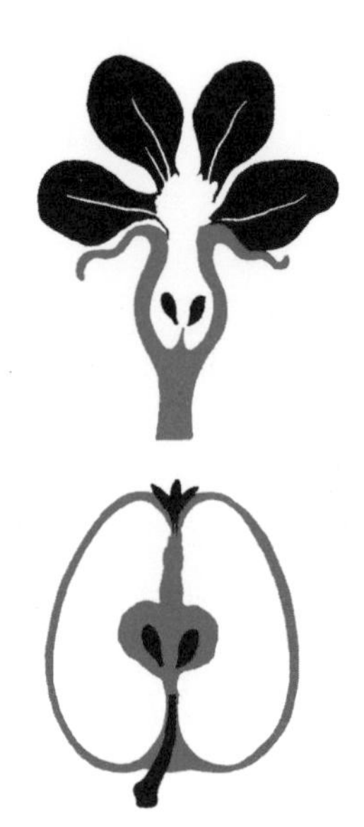

因为动物在吞吃可口的果实时，很可能会把种子一起吞下。之后，当它们要便便的时候，就已经离长出果子的那棵树有一定的距离了。植物的目的就这样达到了：分散种子，避免与自己的后代因靠得太近而互相争夺资源（土壤、阳光、水分、养料等等）。

⁂

做一个种子袋

收集一些不同植物的种子。将它们晾干，放在一些自制的漂亮信封里。在信封上标明种类并且画一些美丽的装饰图案，一个精美的种子袋就完成了。可以把种子袋作为礼物送给朋友哦。

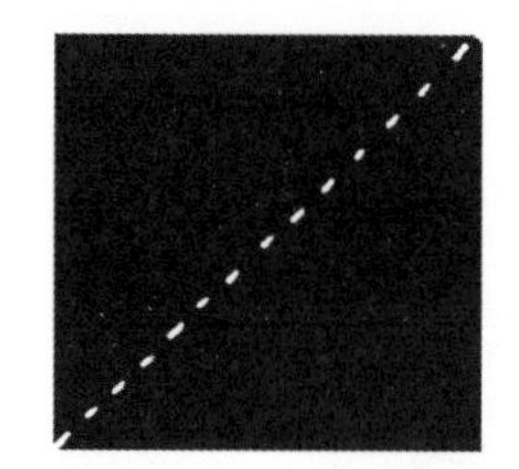

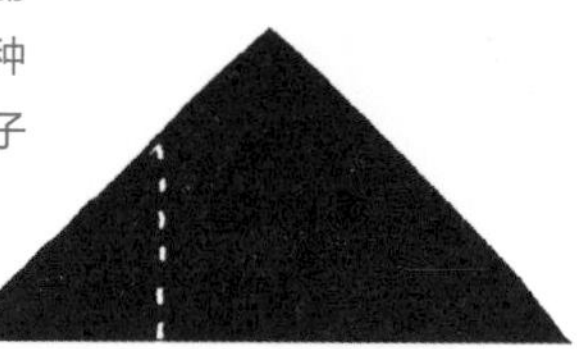

观察一朵花环菊

想仔细观察一朵花环菊，请先准备一个放大镜。

你看到了几朵花？一朵？你确定？

如果你观察得足够仔细，便会看到花环菊的中央部分是许多（多到数不胜数）细小的花！

整朵花最外围的花瓣是最大的，因此，我们会以为看到的只是一朵花，中间有一只黄色的“花眼”而已。实际上，我们看到的不是一朵花，而是花序，也就是一组花的总称。

和花环菊一样，还有许多你以为的花实际上也是花序，比如雏菊、大丽花、菊花和非洲菊等等。它们都有这种花序（头状花序），它们都属于复合花的大家庭。

这种复合花的构造十分经济，因为只用消耗能量来长出最外层的大花瓣就够了，当授粉者被这些大花瓣吸引来，所有的小花也都一起受益了。

用虞美人花做一个跳舞娃娃

你可以做一个别致的小手工，用一朵虞美人花做成一个美丽的跳舞娃娃：将一朵虞美人花的花瓣反方向折叠，用一根细线（或一根秸秆、一根细的茎叶）束起来当做腰带。然后削一根小木棒，从“身体”部分穿过去。

注意：最难的是将花瓣向下折叠，虞美人花的花瓣非常娇嫩，注意不要碰掉了。

※※

采一束野花

采一束美丽的野花，按你的喜好随意搭配野花的颜色、花形和大小。

可以用一根金雀花（或者野外采到的其他材料）的茎把花朵束起来。

不要忘了把它当礼物送给你的小伙伴哦。

深呼吸，享受这芬芳

当你徜徉在田间乡野，或者仅仅是路过一处花园，请停下脚步，闭上眼睛，试图去捕捉空气中弥漫的植物的香气。你能识别出它们来吗?

哺乳动物

——是什么将我们相连

提起哺乳动物，我们的脑海里首先会出现一头巨大的老虎或者狮子！

但是可不要以为这个大家庭里只有大型的、毛茸茸的动物。不错，有的哺乳动物体型庞大，可是还有许多微型的哺乳动物。有的毛茸茸的，也有的体表几乎是光秃秃的，有的还长有刺。此外，还有的哺乳动物有掌、鳍(qí)或者翅膀，可以在水里游、地上跑、天上飞……

那么，究竟是什么将它们与我们相连呢？

我们从哪儿来

哺乳动物看起来千差万别，很难相信它们是同属一个种类。但事实上，在几百万年前，哺乳动物确实有着一个共同的祖先……

这是哪一种哺乳动物

哺乳动物这个共同的祖先属于犬齿兽亚目*，这一目中也包括一些类似爬行动物的动物，后来演变出不同的物种，有的已经灭绝了，另外一些就是现如今哺乳动物的祖先。2013 年，比照着所有的有胎盘类哺乳动物，科学家制作了一个这种动物的模型。虽然并没有确切的把握，他们推测这种动物的外形类似鼩鼱（qú jīng）——一种小鼠，并且该动物也许会捕食昆虫。迄今为止发现的最古老的哺乳动物的化石就是属于这一种类，但是这些探索还远没有画上句号。

接下来发生了什么呢

海洋、热带雨林、沙漠、冻土带……地球上的地理地貌是如此的丰富多样。为了适应迥异的环境，在千万年的时间长河里，哺乳动物演变成了多种多样的类别，在地球上几乎所有地方生存了下来。有的长出了翅膀来搏击长空，有的长出了手臂或者鳍，有的长出了厚厚的毛发来御寒……这些只是一些例子而已，哺乳动物的形态实在是千差万别，不一而足。

* 审者注：这是远古的一类爬行动物，它们具有一些哺乳类的原始特征，因此也常被称为“类哺乳爬行动物”。

水生哺乳动物

也许是因为陆地上的动物太多，而食物相对缺乏的缘故，有些哺乳动物开始进入海洋这个巨大的空间，以寻找食物。随着时间的流逝，它们停留在海里的时间越来越长，也越来越适应了水中的生活：经过千万年的进化，它们的手臂变成了鳍，腿变为类似于鱼尾巴的一部分，身体也变成更适合在水中运动的形状。鲸鱼、海豚和海豹就这样诞生了，这些水生哺乳动物都非常适应水里的生活。

鲸鱼有鼻子吗

和其他种类的哺乳动物一样，海洋里的哺乳动物也是用肺来呼吸的，它们也需要跑到水面来换气。鲸鱼不是通过鼻子，而是通过位于头后部的外鼻孔来呼吸的。鲸鱼的这个鼻孔不仅能换气，并且还能喷出高高的水柱……

世界上哪种动物的大脑体积最大

是抹香鲸！它们的大脑可以重达 9 公斤。

抹香鲸还是牙齿最大的哺乳动物、体型最大的肉食动物、发出最强噪音的动物（它们能喷出超过 10 米的水柱）和潜水最深的动物（深达 2000 多米）！

抹香鲸可真是动物世界里的纪录之王啊！

一些哺乳动物仍旧青睐在陆地上生活

（然而是在挖的洞里）

在陆地上居住的哺乳动物里，有一些种类是生活在地下的！鼹鼠就是其中之一，它们会挖掘长长的隧道，然后在隧道尽头挖掘它们的洞穴，也就是它们睡觉并养育后代的住室。挖掘隧道的时候，鼹鼠会把挖出来的土推到地面，形成小土堆，就像我们在田间地头或者一些花园里看到的那样。

鼹鼠用什么招数吃到新鲜的食物

蚯蚓是鼹鼠钟爱的美食。为了总能吃到新鲜的蚯蚓，鼹鼠抓到蚯蚓后把它埋在自己的洞里，再把它们咬到“瘫痪”。这样，蚯蚓就无法跑掉，鼹鼠就能吃到新鲜的食物了。这听起来让人很不舒服，然而却是事实！

水鼹鼠：面临威胁的物种

有一种鼹鼠不是生活在地下，而是生活在水中，它就是水鼹鼠*。这种动物很罕见，只生活在葡萄牙的北部和中部，并且已经面临灭绝。水鼹鼠喜欢生活在清澈且水流湍急的河中，对水质非常敏感，如果河流受到污染，或者水质发生改变（比如在上游修建了大坝），它们就无法继续在那里生存，只好游走另觅生路了。

*审者注：也译为比利牛斯鼬鼹。

这是个毛毛球还是只鼹鼠

通常，我们很难发现水鼹鼠的踪影，因为它们只有在夜间才出来（夜晚是它们水中觅食的最佳时机）。

瞧瞧它们圆滚滚的肚子吧！一只鼹鼠每天可以吃掉相当于它体重一半的昆虫和其他小生物，真是惊人的饭量！

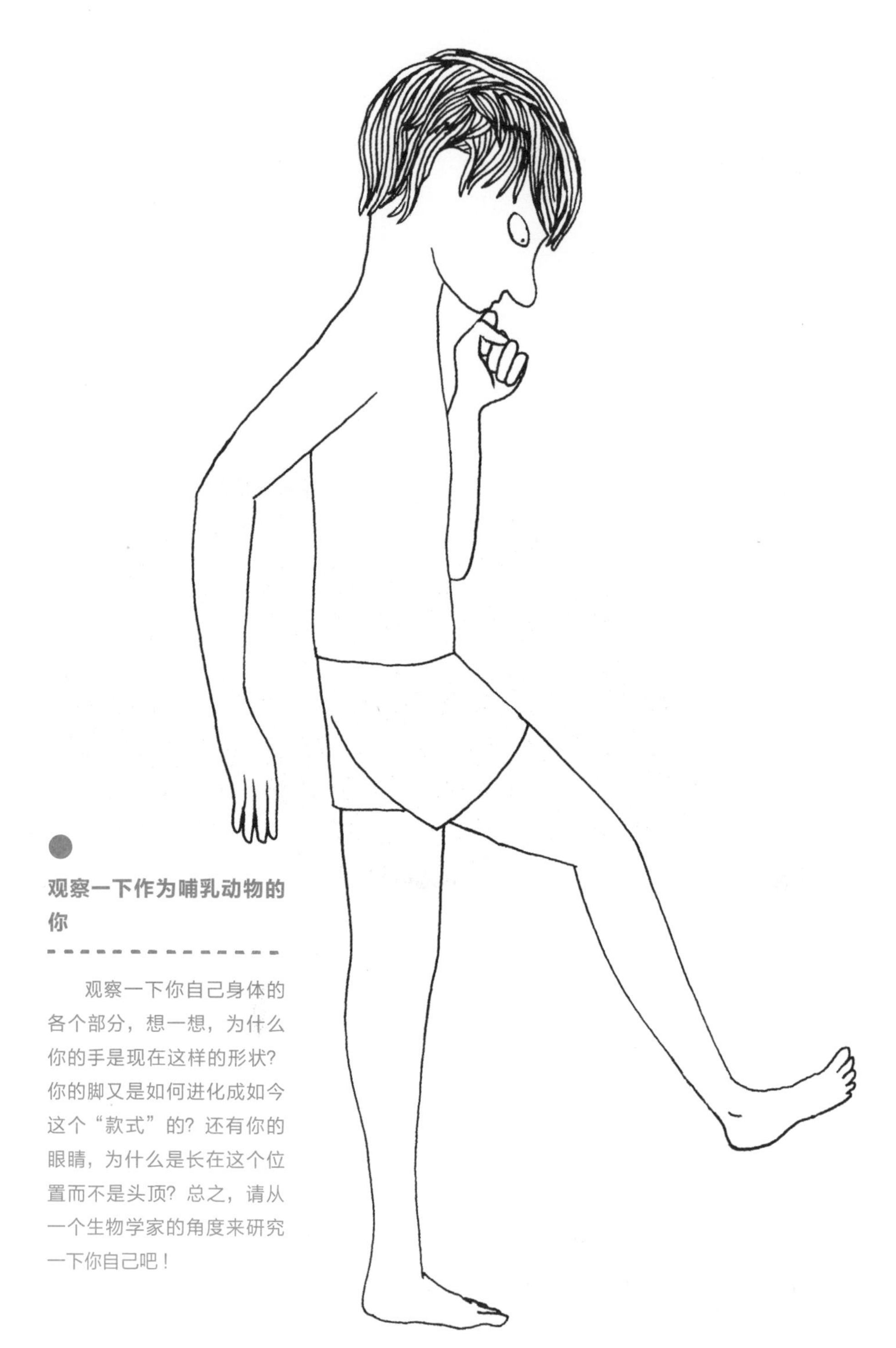

观察一下作为哺乳动物的你

观察一下你自己身体的各个部分，想一想，为什么你的手是现在这样的形状?你的脚又是如何进化成如今这个“款式”的?还有你的眼睛，为什么是长在这个位置而不是头顶?总之，请从一个生物学家的角度来研究一下你自己吧！

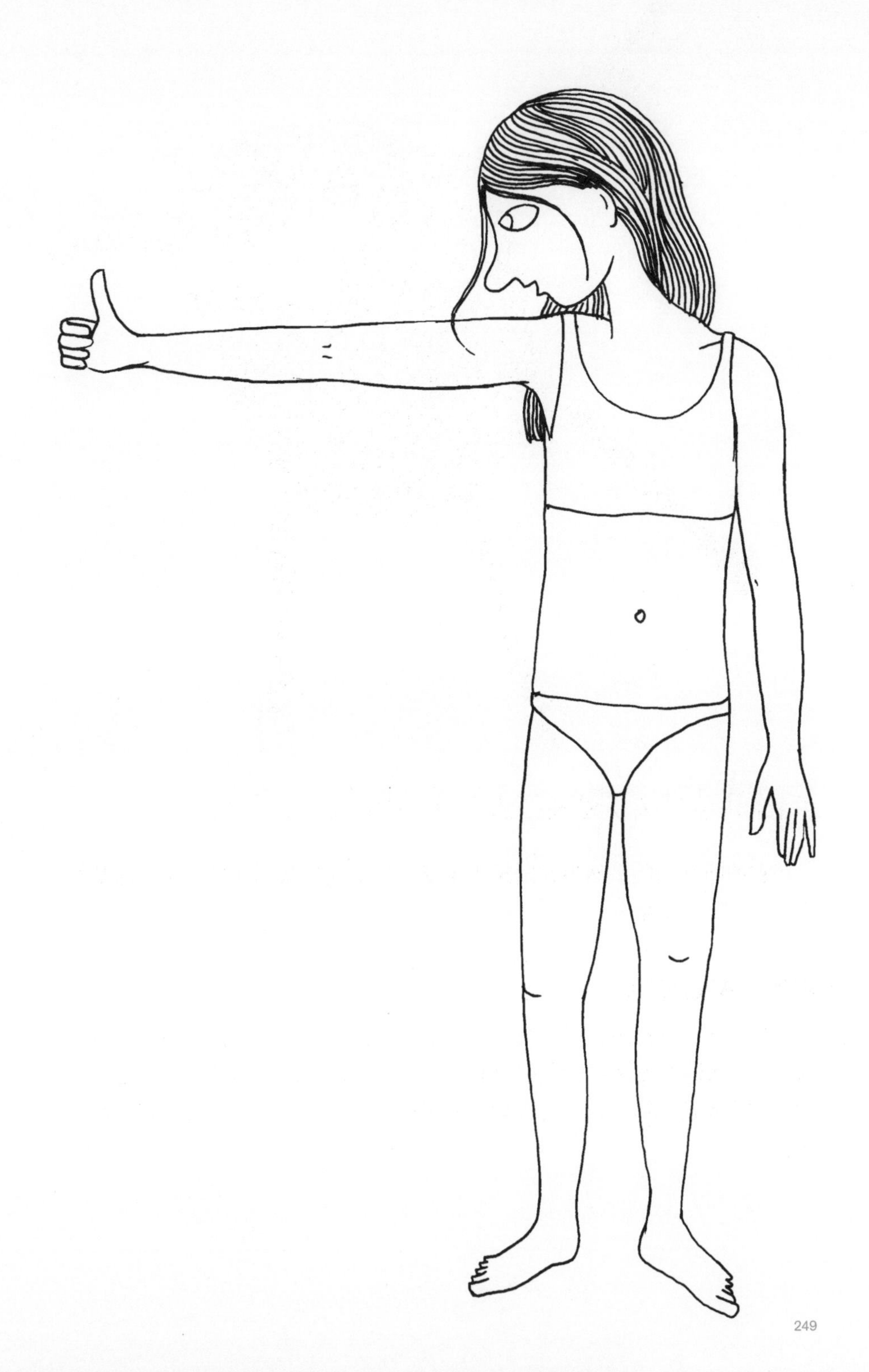

有的哺乳动物会从我们的头顶飞过

有的哺乳动物虽然也在陆地上生活，但是几乎从不在地上走，而是在天上飞，比如蝙蝠！

葡萄牙有蝙蝠吗

有，而且有许多！在夜间，尤其是天气热的时候，无论是在乡下还是城市里，我们都会经常看到蝙蝠围绕着路灯飞来飞去。也许你见到过它们，却不知道那就是蝙蝠。因为葡萄牙的蝙蝠个头比较小，而且飞行速度相当快！

你有没有留意过，蝙蝠的翅膀和我们人类的胳膊很相似。和我们一样，蝙蝠也有大臂、前臂和手。

为什么它们飞行时不会撞到别的东西

蝙蝠有眼睛，而且视力不错，但是在飞行的时候，它们也用听觉来辨识道路，避过障碍。蝙蝠会发出超声波，我们的耳朵是听不到的。这些超声波传送到空间，就像是一阵波浪，当超声波遇到障碍物，就会返回来。当蝙蝠听到这些返回的声波，耳朵就会把信息传送给大脑，这样它们就能明白前方都有什么物体了。这种定位方法叫做回声定位法。

注意：有的蝙蝠只用视力定位，比如狐蝠。

为什么蝙蝠悬在空中睡觉

最早，蝙蝠的祖先也是四爪贴地行走，类似鼩鼱。在进化过程中，蝙蝠的前腿渐渐变成了翅膀，而后腿则从膝盖处向后弯曲。因为这个小细节，蝙蝠的后腿不是十分强壮，力量不足以支撑它们较长时间站立（与此相反，它们的翅膀则相当发达）。除此之外，倒悬的时候，蝙蝠能更迅速地转入飞行状态。

蝙蝠睡觉的时候为什么不会掉下来

当我们悬垂在树枝上时，双臂要非常用力，肌肉一放松，手就会松开，我们就会掉到地面上来。蝙蝠则相反，当它们的肌肉放松的时候，爪子是合拢的；而当它们想要松开爪子的时候，肌肉就要用力。这样答案就揭晓了：蝙蝠睡觉时是放松的，所以它们的爪子不会松开！

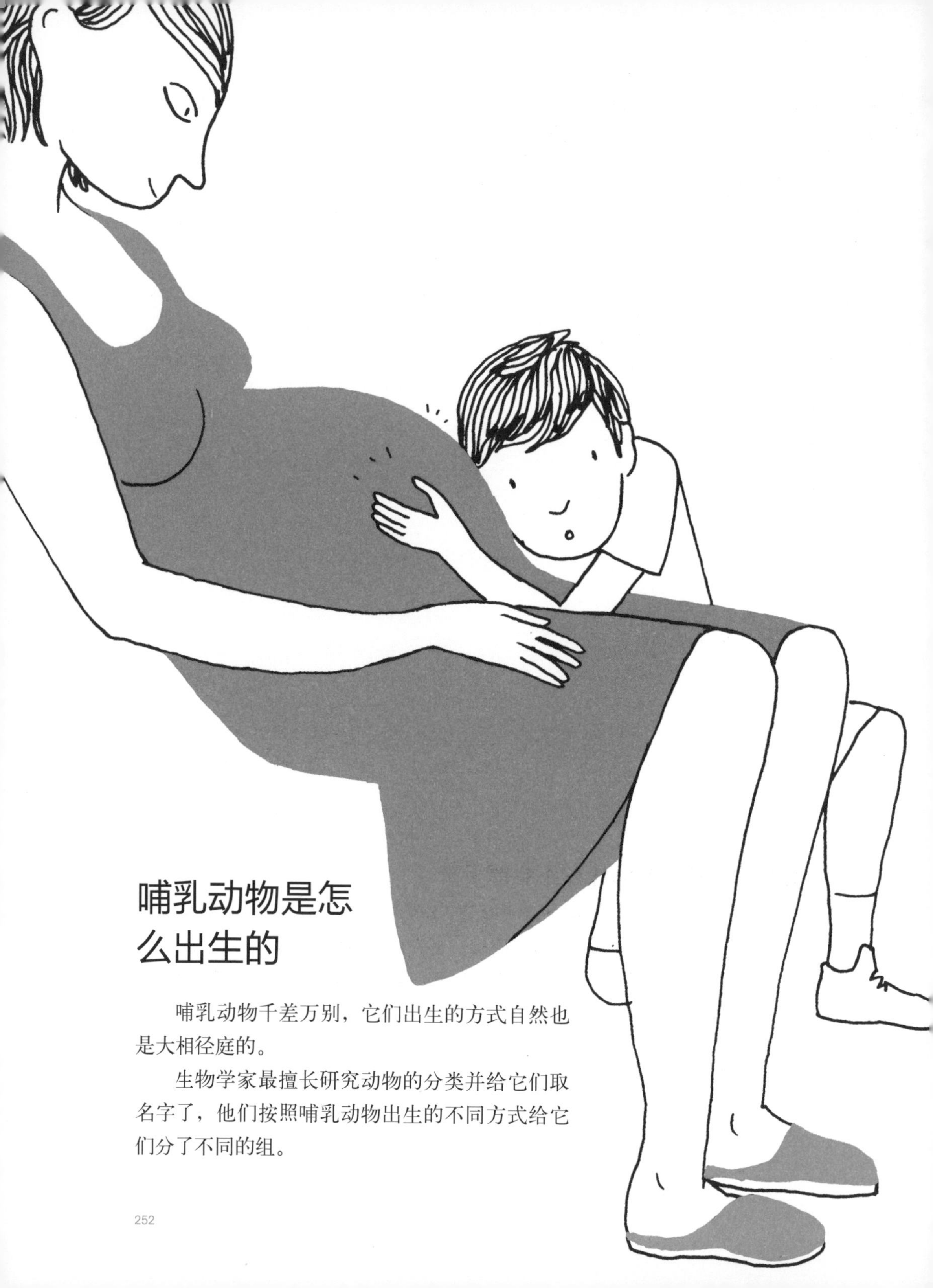

哺乳动物是怎么出生的

哺乳动物千差万别，它们出生的方式自然也是大相径庭的。

生物学家最擅长研究动物的分类并给它们取名字了，他们按照哺乳动物出生的不同方式给它们分了不同的组。

有胎盘类哺乳动物

有胎盘类哺乳动物宝宝直接孕育在妈妈的肚子里，通过脐带得到母体的营养，并在那里长到足够大，才被分娩出来。我们认识的大部分哺乳动物都属于这种情况。比如狗、鼠、蝙蝠、海豚、老虎、河马和狼等。当然了，还有人类！

单孔目哺乳动物

单孔目哺乳动物是从一个蛋里生出来的，但是一破壳，就和其他的哺乳动物一样，要喝妈妈的乳汁。

这种动物的种类不多，并且只在大洋洲才有。比如针鼹和鸭嘴兽。

有袋目哺乳动物

有袋目雌性动物的肚子外面长着一个大口袋。当孩子刚刚出生，眼睛都还没睁开的时候，妈妈便把它放到这个口袋里。它们在这个袋子里吮吸妈妈充足的乳汁，直到长大。有袋目哺乳动物主要生长在大洋洲和南美大陆，比如考拉和袋鼠。

猜一猜，它是谁

有着鸭子的嘴巴和脚掌，但不是鸭子。

有着水獭的身子，但不是水獭。

有毒，但不是蛇。

答案在下一页里哦。

第 253 页的答案就是**鸭嘴兽**！这种动物太奇怪了，以至于当第一只鸭嘴兽的标本从澳大利亚被带到欧洲时，生物学家还以为是谁搞的一个恶作剧，把不同动物的各个部分拼起来了呢！除了脚掌和嘴巴像鸭子，身体像水獭外，鸭嘴兽会下蛋，而且公鸭嘴兽的后足上长有毒刺！

将各种动物拼起来，真有趣

从鸭嘴兽得到灵感，你可以发挥想象，将不同动物的各部分拼在一起，“创造”一些新的动物。接下来你还可以给它们取名哦。

所有的哺乳动物都有毛吗

是的。但是有的并不引人注意。有的动物只是还在妈妈的肚子里时才有毛，后来就脱落了，比如海豚就是这样。另外一些动物，比如鲸鱼，它们的皮肤几乎是全裸的，只有在头部才有一些毛发。也有一些动物的毛会演变成刺，以帮助它们抵御天敌，这样的例子有刺猬、豪猪和针鼹（图❶）等。还有的动物是把毛转变成了硬壳，比如穿山甲（图❷）。

当然，除了上面的情形以外，有许多哺乳动物毛发浓密，甚至手掌脚掌都被毛发覆盖了。我们知道的北极熊（图❸）就是一例，这样有助于它们抵御严寒的环境。

还有一些哺乳动物不喜欢总是穿同样的“衣服”，比如北极兔（图❹），它们在夏天皮毛的颜色是棕色的，而在冬天却换了一身白色的皮毛，和周围雪的颜色一样！如此一来，无论在什么季节，天敌要想发现它们都不是一桩易事了。

哺乳动物也有食肉食草之分吗

当然有了。哺乳动物一出生就要进食。不同类别的哺乳动物的食物类型也各不相同：有的喜吃昆虫（食虫类），有的青睐植物（食草类），有的只吃肉（食肉类），也有的什么都能吃点儿（杂食类，比如我们人类）。

“哈，想让我咬上一口吗？”食肉动物问

当提起食肉类，我们总会想起大型动物，比如狮子、老虎或者虎鲸之类。可是也有的食肉动物是个头很小的凶猛捕猎者，比如鼬科动物，它们可以捕食比自身身材大得多的兔子。

能干的杂食类动物

灵长类是杂食动物，也就是说，动植物都可以成为它们的食物。它们非常聪明，比如大猩猩，它们会利用简单的工具来帮助自己进食。如果想要吃到硬壳的果实，它们就会用一块石头把果壳砸开；如果想吃蚂蚁，就会用一根小棍伸到蚁穴里去，把蚂蚁赶出来，这样它们就可以享用大餐了。

你知道吗，小臭鼩是葡萄牙体型最小的哺乳动物，在全世界也是最小的哺乳动物之一，它的长度只有 5 厘米左右，却非常凶猛呢！

在葡萄牙有许多哺乳动物吗

在葡萄牙生活着 103 种哺乳动物，其中大部分是陆生（72 种），但是海生的也不少（31 种）。

陆生哺乳动物中有食虫类（比如鼩鼱、鼹鼠、穿山甲），蝙蝠类（葡萄牙有 27 种不同的蝙蝠），兔科（野兔和兔子），啮齿类（鼠类和松鼠），偶蹄目（鹿、山羊和野猪）和食肉类。在葡萄牙的海生哺乳动物里有鳍脚目（海豹和海狗）和鲸目（葡萄牙有 25 种鲸鱼和海豚）。

葡萄牙有狼吗

有的。不过不必担心，在城市里，是不会有一头狼突然出现在你面前的。狼生存在葡萄牙的北部和中部偏僻的山区里，而且很难发现。

葡萄牙的狼是灰狼的一个亚种，叫作伊比利亚狼。

狼也会说话吗

除了小红帽故事里的大坏狼，没有狼会说话。不过，狼之间彼此交流得很不错，不仅仅是通过吼叫（它们的吼叫声可以传播得很远，一直传到远处的同类耳朵里），还可以通过嗅觉和视力交流，比如它们会通过粪便、尿以及刨坑来留下记号，让别的狼可以看到或者闻到。

你了解狼群吗

狼的家庭里通常住着爸爸妈妈和年幼的小狼（有时候也有年长的）。母狼通常在每年四五月份产子一次，一窝有大约 5 只小狼崽。当它们长到一到两岁大，便会离开父母再组成新的家庭。

你会区分伊比利亚狼和狗吗

一眼看去，狼似乎和一条大狗长得差不多。不同的是，伊比利亚狼的皮毛是偏棕的灰色，面部有两块白色，前颈处有两块黑色。

生物学家会像狼一样号叫吗

会的！生物学家模仿狼的号叫，是为了观察有没有别的狼来应和。由于狼不喜欢其他不熟悉的狼呆在它的领地上，会回应同类的号叫，只是为了表达这个意思："我才是这里的主人！你到别的地方去吧！"

葡萄牙有过熊，这是真的吗

葡萄牙确实有过熊，而且不是很久以前，就在20世纪初，葡萄牙的北部还有过熊的行踪，虽然很稀少。

一个关于熊的故事

众所周知，熊喜欢吃蜂蜜。很久以前，许多人家有蜂箱，用来养蜂酿蜜。

这样一来，熊一闻到蜂蜜的味道，便蠢蠢欲动，总想着来蜂箱处抢劫！

因此，在还有熊出没的年代里，人们都要在蜂箱周围筑起高墙（高达3米多），这样熊便无法进行这桩"甜蜜的打劫"了。

现如今葡萄牙虽然没有熊了，可是从留下来的一些地名，还是能看出熊出没过的痕迹，比如熊洞（阿尔伽尼尔）、熊灰岩坑（巴塔利亚）、熊松林（莱里亚）和熊谷（丰当）等等。

写一本动物故事书

现在你已经读完这一章了，你了解到了许多知识，关于动物的生活，你一定会有许多奇思妙想。那么就写下你的动物故事吧，别忘了配上插图哦。

把不同的哺乳动物画下来

在大自然里遇到一只哺乳动物乖乖地做你的模特？当然是不可能的啦。所以，你只有去查一查图片，试着将同种里不同类别的哺乳动物画下来，特别留意它们不同的外形、脚掌、嘴巴和体表特征。

绘画能帮助我们更好地理解周遭的事物哦。

岩石

—— 进入地球深处

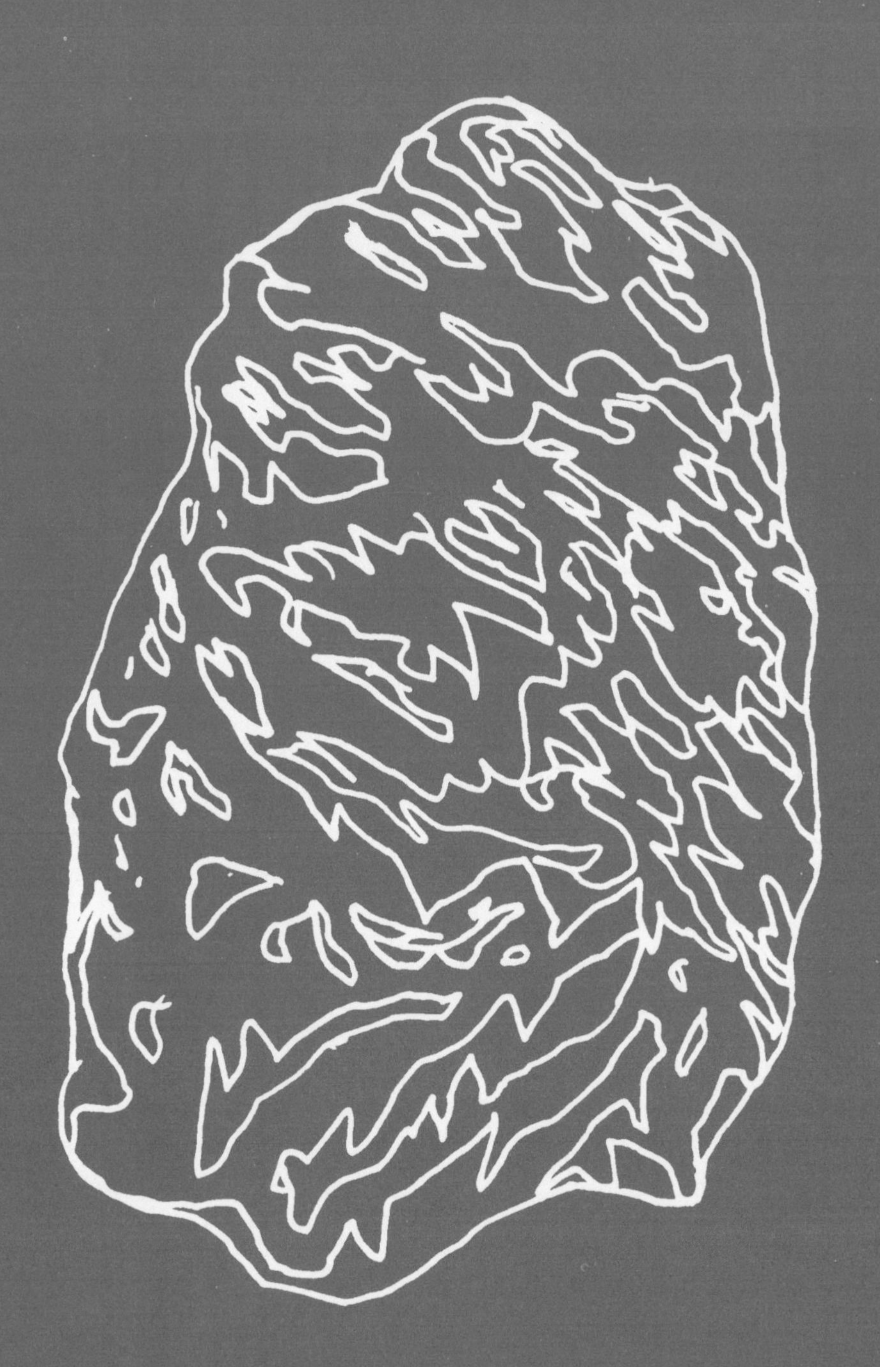

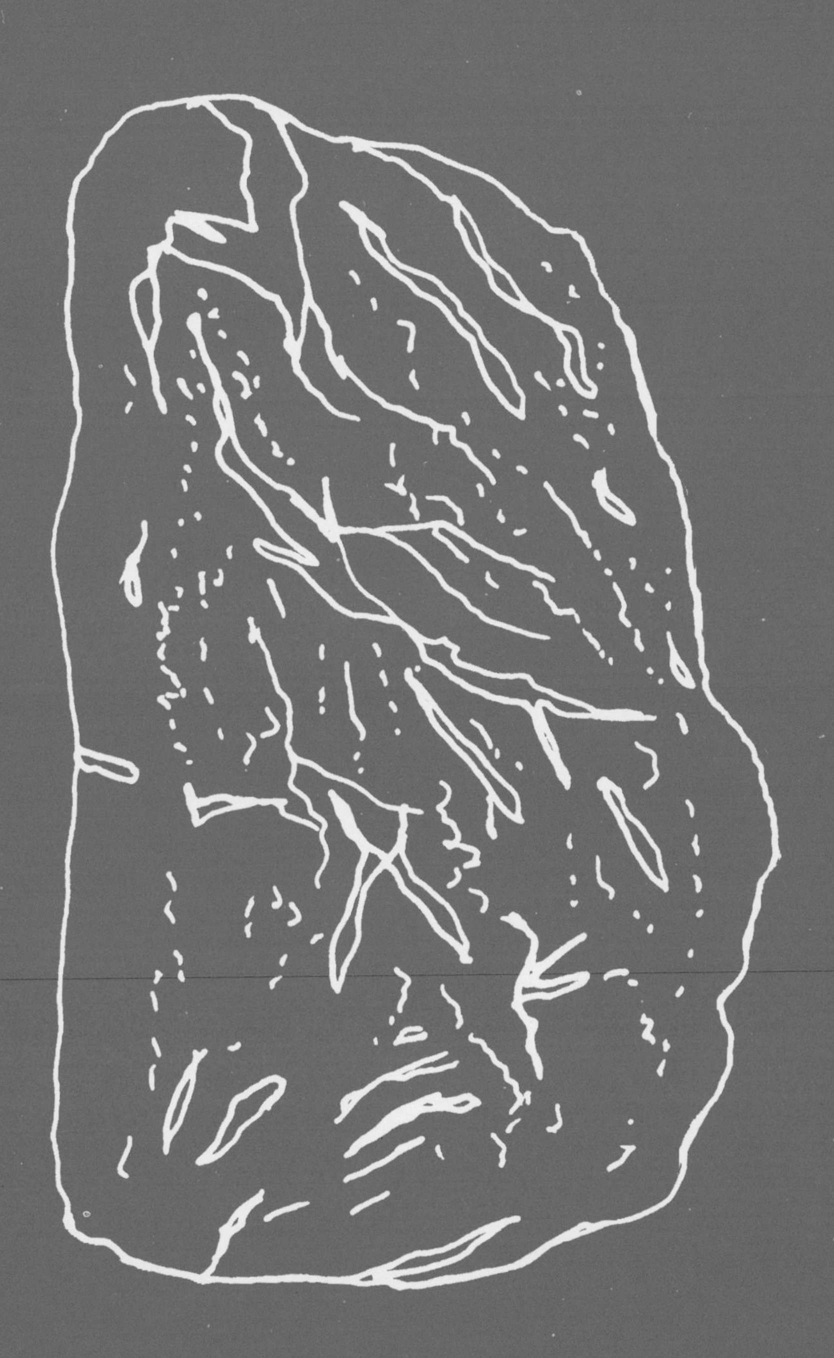

当你走路的时候，有没有想过这样一件非同寻常的事情：就在你脚下的地球深处，有着巨大的岩石，而它们已经存在了数百万年！

大自然就在这里，沉默、坚硬、神秘无比……

地球还是石球

有人说，地球应该叫做水球，因为它的表面上有很多很多水；但或许称它为石球也不错，因为地球的大部分是由岩石构成的。岩石是由不同的矿物以不同的方式形成的，这使得不同类型的岩石有不同的特性。

地球表面的岩石坚硬无比，但是它的地核部分可能由液态物质组成，在不停地沸腾喷涌！

嘭，嘭，嘭！

岩石是什么

岩石到处可见——海滩上、河流中、大山里，它们是由不同的矿物以不同的结构方式形成的坚硬物质！

与水泥和砖不一样，岩石不是人工生产出来的，而是让人惊叹的大自然的杰作。

岩石的种类很多，常见的有花岗岩、玄武岩、大理石、页岩、砂岩、石灰岩等等。

如果将地球比喻成一个鸡蛋，地壳就好比是蛋壳。显而易见，在这层壳上还覆盖着水、冰、土壤、沙，生长着形形色色的动植物。但是往里面挖深一些，毫无疑问，很快我们就会看到构成地壳的岩石。

地幔
地核
地壳

矿物 + 矿物 = 岩石

几乎所有的岩石都是由两种或者两种以上的矿物组成的。

例如，花岗岩是石英、长石和少量云母形成的。但是仅仅把几种不同的矿物混合到一起，是形成不了岩石的。

想象一个食谱：你准备了各种原料（在这里指的是矿物），要用它们做一个理想的美味蛋糕，每种材料的比例必须十分精确。之后，你还需要将这些原料混合，通过揉面、加热、冷却，再用特定温度进行加工。形成岩石也需要类似这样的程序。

那么，什么是矿物呢

矿物是由不同的化学元素（铁、镁、氧等等）按照不同的内部构造方式结合起来的。其中最多的一种矿物——石英，是由硅元素和氧元素构成的。

石头（砾石）又是什么呢

这个更容易理解一些。我们所称的石头（或者砾石）是岩石的碎块，是从“岩石妈妈”身上脱落下来的。由于风化作用（受到水、风、温度等作用的影响），石头改变自身形状而变得浑圆、光滑，就像我们在海滩或河边看到的鹅卵石一样。

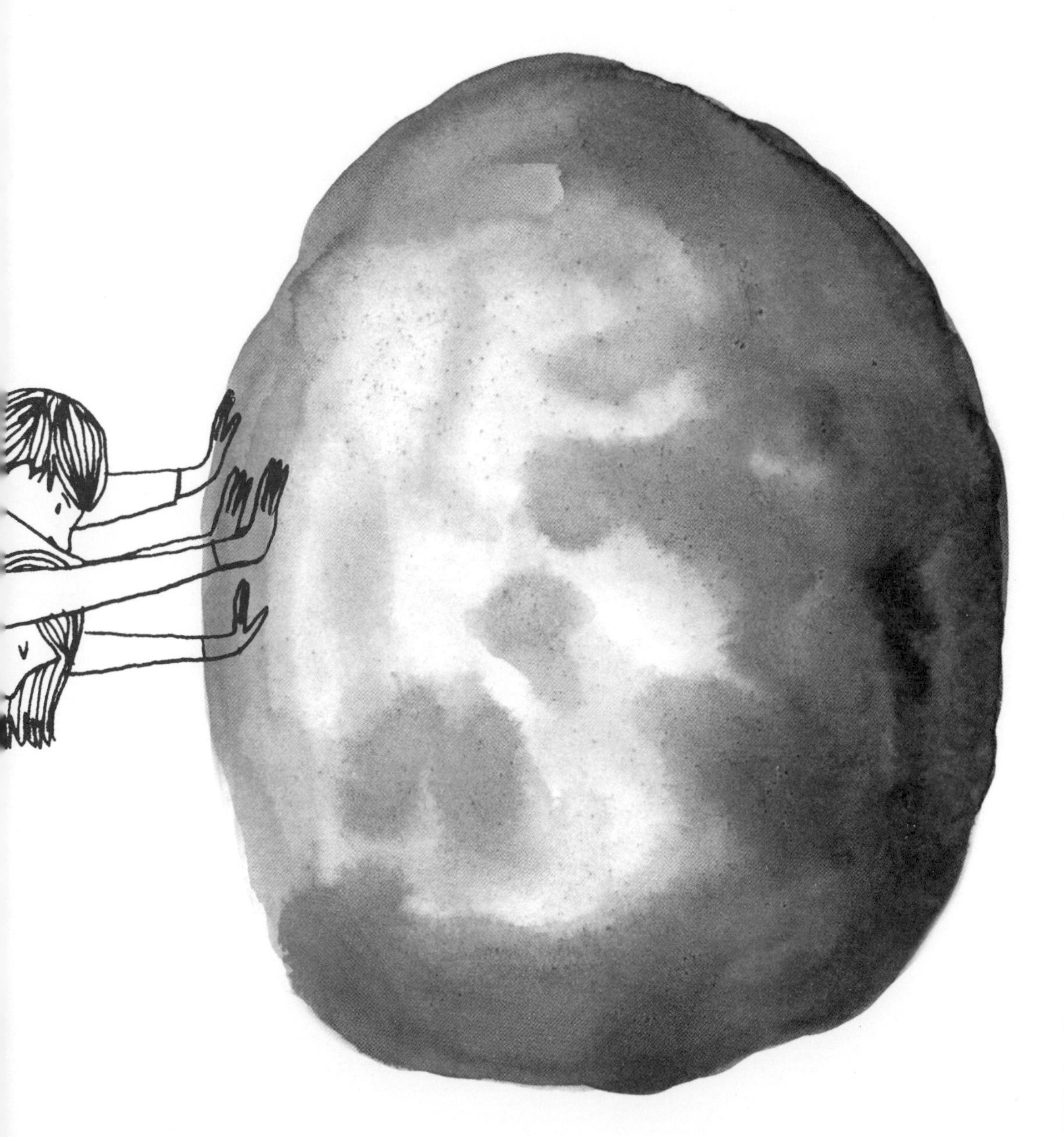

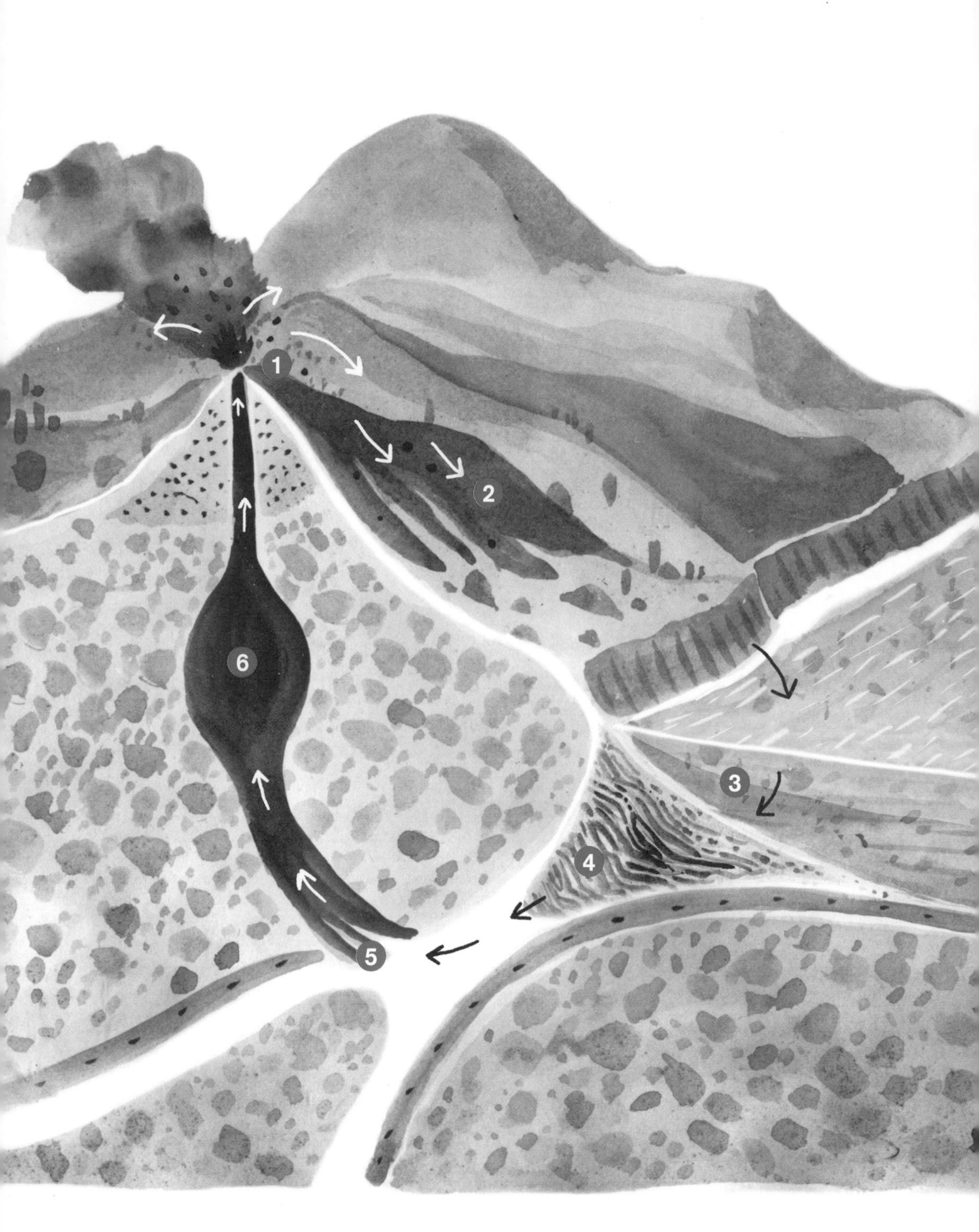
1
2
3
4
5
6

大自然：一台巨大的岩石加工机

大自然里，用来制造岩石的材料从来不会遗失，它们会不断变换形式地参与形成各种岩石（水循环的过程也是如此）。

对于岩石来说，这一循环过程可能需耗时成千上万年，甚至数百万年。

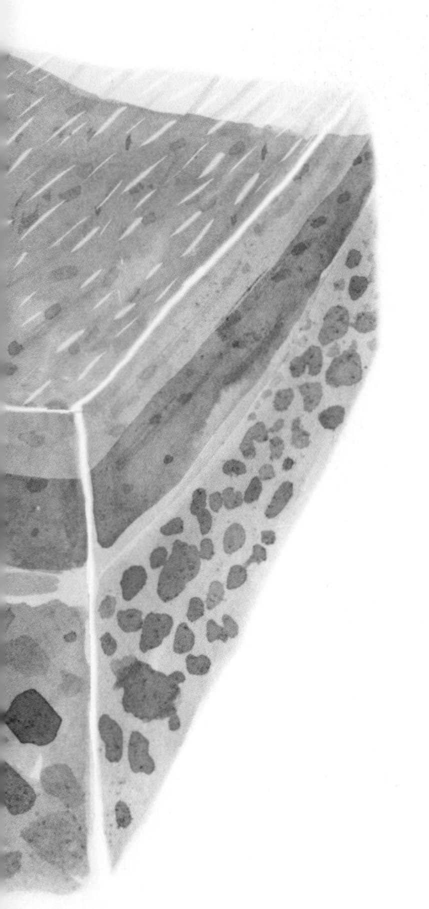

地球的运动（由压力和温度的差异引起）导致地球内部固体岩石发生熔融，从而形成岩浆（图❶）。

地球表面（图❷）由于温度变化以及水和风的作用，岩石产生风化，变成碎块。

风化的岩石经流水搬运、沉积、压实并且黏合，最终形成了沉积岩（图❸）。

但是地球的运动永不停止，这些岩石再次被碰撞、挤压、加热，形成了变质岩（图❹）。

再后来，一些岩石返回地球内部（图❺）。它们会再次熔化，形成新的岩浆（图❻）……

新的一轮物质循环又开始了。

葡式碎石路上的石头来自哪种岩石

葡式碎石路上的图案是由黑白两色石子铺成的，其中白色石子是石灰岩，黑色石子是玄武岩。不过，由于地区和地理资源的差异，铺地的石子也会有差别。比如在波尔图，大街旁边的人行道是用花岗岩铺设而成的。

硬得像石头一样（我的身体里也有矿物质吗）

当然有了。我们知道，自然界的物质总是处于运动之中，并且互相影响。形成岩石的矿物质也是一样，它们会与地下水（比如泉水）、地表水（江河、溪流、湖泊）和海洋里的水接触，这些水流经土壤，土壤里则长出葳蕤的树木、绿油油的蔬菜和香甜可口的果子。我们人类的身体也是大自然的一部分，也要参与这个循环，通过汲取水分和食物，我们就得到生长所需的矿物质了。总之，如果没有岩石和矿物质我们也无法生存！

最硬的矿物是什么

有一种测量矿物硬度的方法，叫做摩氏硬度测量法。这种测量法非常简便，即通过矿物间对磨损引起的抵抗力的大小来确定矿物的硬度。下面是几种矿物的摩氏硬度，从最软到最硬分为 10 个级别。

- 滑石（用指甲很容易留下划痕）
- 石膏（用指甲可留下划痕）
- 方解石（用一枚铜币可划）
- 萤石（用一枚铁钉可划）
- 磷灰石（用玻璃可划）
- 正长石（用折刀可划）
- 石英（用钢刀可划）
- 黄玉（用锉刀可划）
- 刚玉
- 金刚石

总之，岩石的硬度取决于构成它的矿物的硬度级别。看了上面这个表，你就可以知道，最硬的矿物是金刚石（钻石）！

有能漂浮的岩石吗

有的，但是只有一种，叫做浮石。它是一种岩浆岩，当富含气体的岩浆被喷发到地表并且冷却，会形成一种类似海绵的岩石，表面有许多孔隙。它的密度比水要小许多，就成了唯一可以漂浮在水面上的岩石了。你可以找一小块浮石放在水上试一下。如果你住在亚速尔群岛可就有福了，那里的海滩随处都有浮石。

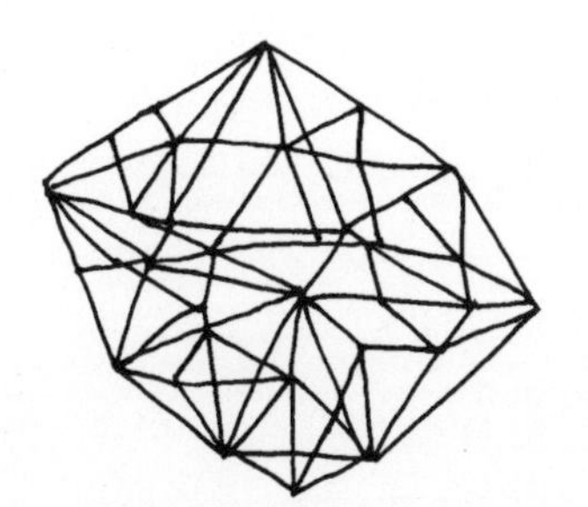
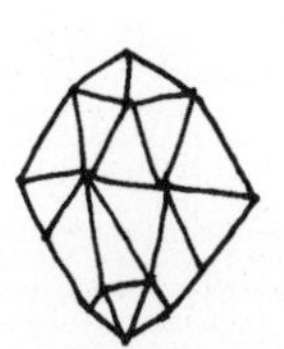

我捡到的是什么岩石

这要看你是在哪个地区捡到的，当然也要看这块岩石自身的特点。

想知道它属于哪个岩石家族，要仔细观察并回答下列问题：

- 它是什么颜色?
- 是由不同颜色的颗粒组成的吗?
- 肉眼能看到一些结晶体吗?
- 它是光滑的还是粗糙的?
- 会闪光吗?
- 很坚硬还是可以摔碎?
- 很容易摔成碎屑吗?
- 透光吗?
- 可以漂浮吗?

翻阅一下后面的内容，也许你就能找到答案。

一些常见岩石的特性

石灰石

- 灰白色
- 坚硬
- 结构致密
- 半透明或不透明
- 不会被摔碎，但是容易断裂
- 遇到酸起反应

注意：它们被广泛用于铺设葡式碎石路（白色石块）

花岗岩

- 五彩斑斓，呈现出不同色彩
- 坚硬
- 肉眼可见矿物颗粒
- 不透明
- 不会被摔碎，也不容易断裂

黏土

- 棕、黄或者红色
- 浸湿后可以塑形
- 干燥后呈现裂缝
- 结构中有细颗粒
- 不透明
- 很容易弄碎

页岩

- 灰或棕色
- 硬度不高
- 层状结构
- 不透明
- 易碎

玄武岩

- 深色（黑色）
- 非常坚硬
- 颗粒很细
- 不透明
- 不容易碎

注意：它们被广泛用于铺设葡式碎石路（黑色石块）

大理石

- 颜色差别很大（白色、灰色、玫瑰色等等）
- 非常坚硬
- 纹理平滑
- 不透明或半透明
- 不容易碎或划伤
- 遇到酸起反应

砂岩
页岩
板岩
石灰岩
煤炭
砾岩
花岗岩
辉长岩
玄武岩

如果你喜欢欣赏岩石
（因为它们的美丽、壮观或者与众不同）

不要错过这些地方

罗丹门（靠近罗丹老镇）。这里景色壮美，特茹河从两面高达 200 米左右的峭壁间流过。还有另外一个奇观等着你探索：这里是葡萄牙最大的秃鹫聚集地。这是怎么形成的呢？告诉你一条线索，这里曾有一条巨大的瀑布……

在那图特茹地质公园，你可以参观罗丹化石林，欣赏巨大瑰丽的蒙桑图大理石，还可以看到佩尼亚加尔西亚的三叶虫化石——这证明了沧海桑田的变化：现在葡萄牙的中部曾经是一片汪洋大海！

在阿罗卡地质公园，你可以看到卡内拉斯大三叶虫化石、“多生栗子石”（一块巨石上貌似生出了许多块小石头，这可是世界上独一无二的一块），还可以参观卡伊玛河大石阵，这个景观是在河中的水流和卵石的共同作用下形成的。

蒙德古角（菲盖拉河口）。在蒙德古绵延的沙滩上，你可以看到岩石上保存完好的化石（菊石、牡蛎化石等等），这些化石还有据疑是恐龙的脚印呢。

赛朗伊斯和内格莱斯田庄（辛特拉）。这里的石灰岩（在拉比亚斯田野）经历了雨水的冲刷侵蚀而呈现出奇异的形态，堪称大自然的鬼斧神工！

葡萄牙的一些地方还有留下恐龙脚印的岩石，比如阿伊乐山脉（奥伦，“鸡石山”）、卡伦克（阿马多拉）以及位于塞辛布拉的三处自然名胜。

其他地方：热雷什山谷、瓜迪亚纳谷、国际杜罗峭壁、佩尼亚、罗卡角、地狱之口（辛特拉－卡斯凯什）、罗迪西奥大海滩、玛古伊图海滩（辛特拉）、黄油谷和小坛谷以及狼跃谷等。

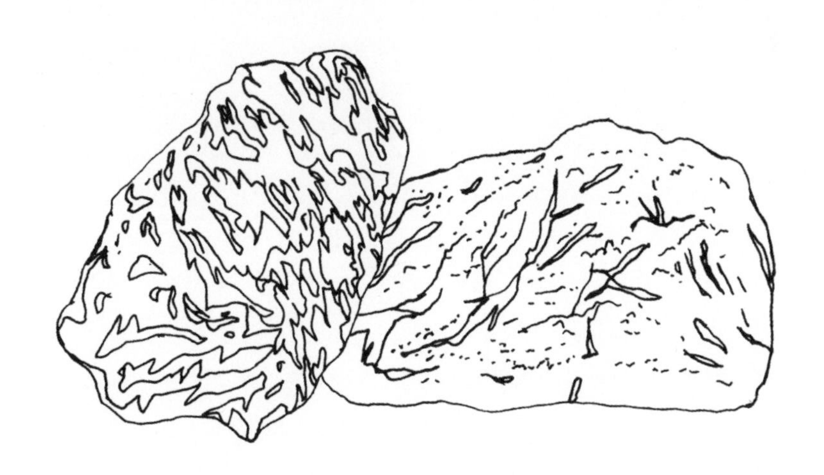

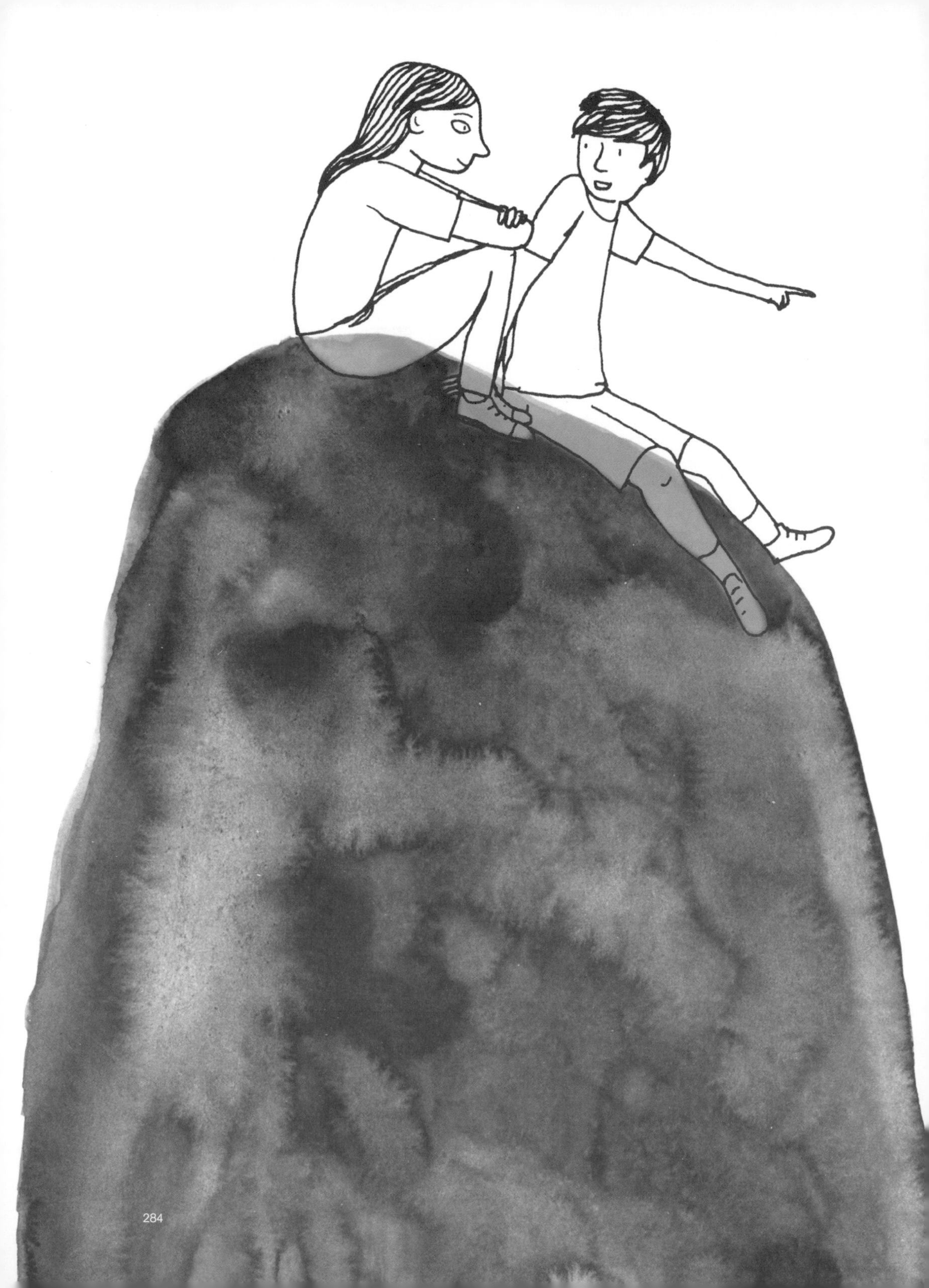

收集岩石的纹理

用一块陶土来采集岩石的纹理，把柔软的材料用力按在不同的岩石上，就可以观察它们的差别了。

闭上眼睛感觉岩石

闭上眼睛，可以更好地感知岩石的纹理。你会感觉到有的岩石非常光滑（比如大理石），有的则很粗糙（比如花岗岩），有的岩石呈层状（比如页岩），有的冰凉，有的温暖一些，还有的有气味（比如黏土）。

掌中乾坤，一沙一世界

沙子是岩石经过风化作用而分解的矿物颗粒。把一小撮沙放在手掌里观察，可以看到它们都一模一样（这种情况下，它们一定来自同一种岩石）。但是请注意，有时手中的沙粒也许会有不同的颜色，这表明沙粒可能来自不同种类的岩石。想象一下，你手中握着整个世界的一部分！

用页岩作画

当你经过一个页岩分布较多的地区，注意一下，有没有自然形成的一层层页岩墙壁。通常页岩墙壁有些岩层会比较松，请试着抽出一片，然后在页岩石板上画一画，你会发现页岩很松脆，就像支粉笔一样，在你写写画画的时候，它很容易就断掉了。

你能捡到多少种石头

试试看，当你在路上散步时，或者在海边、河边游玩时，能捡到多少种不同的石头?

把它们都收集起来，做一个展览。

为你的参观者设计一个导览介绍卡，给每一种石头准备一个标签，写下你认为有用的信息。（注意，收集石头时不要移动大石头哦，也许有动物在下面做窝。）

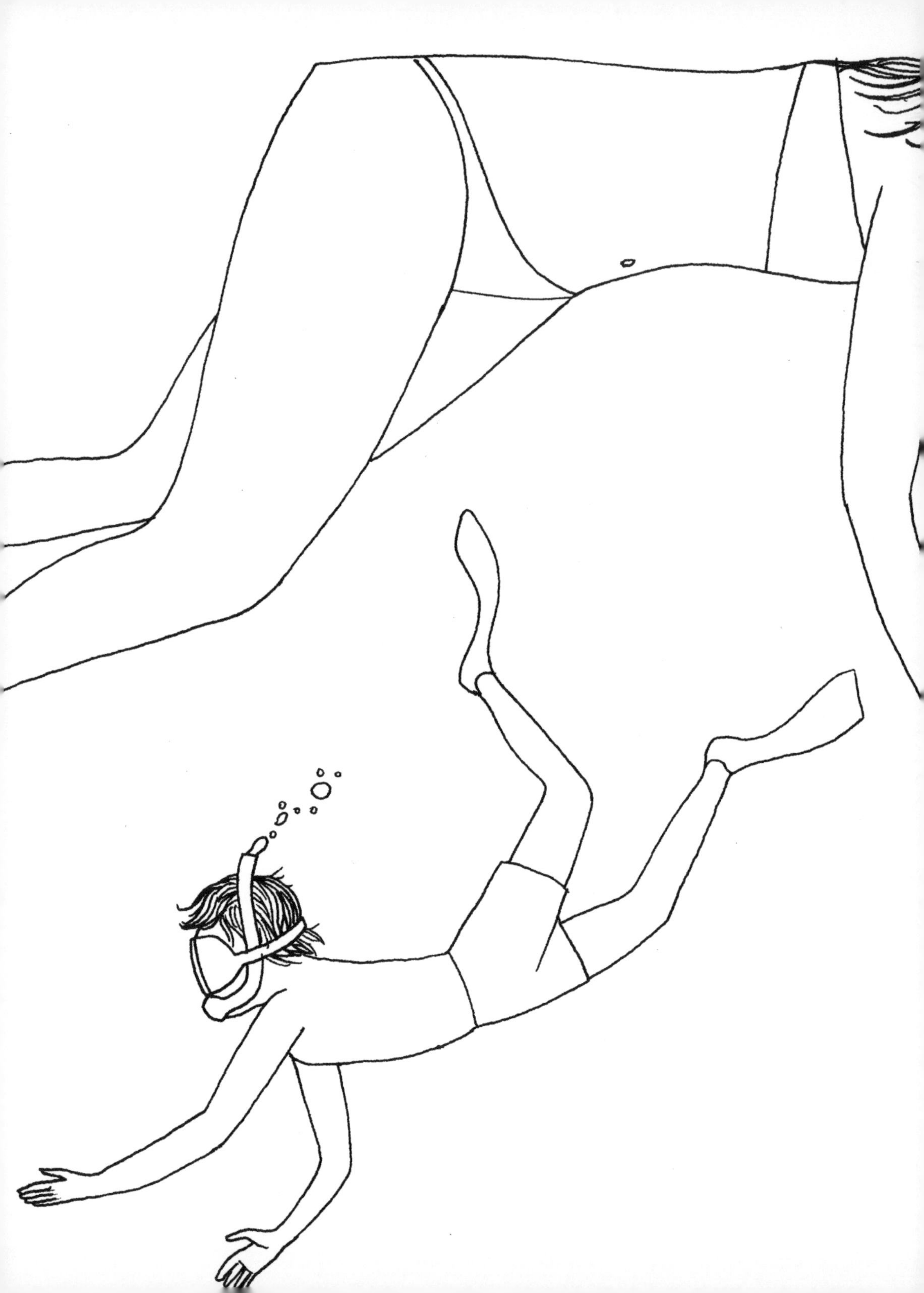

大海、沙滩、潮涨潮落
——我们去海滩吧

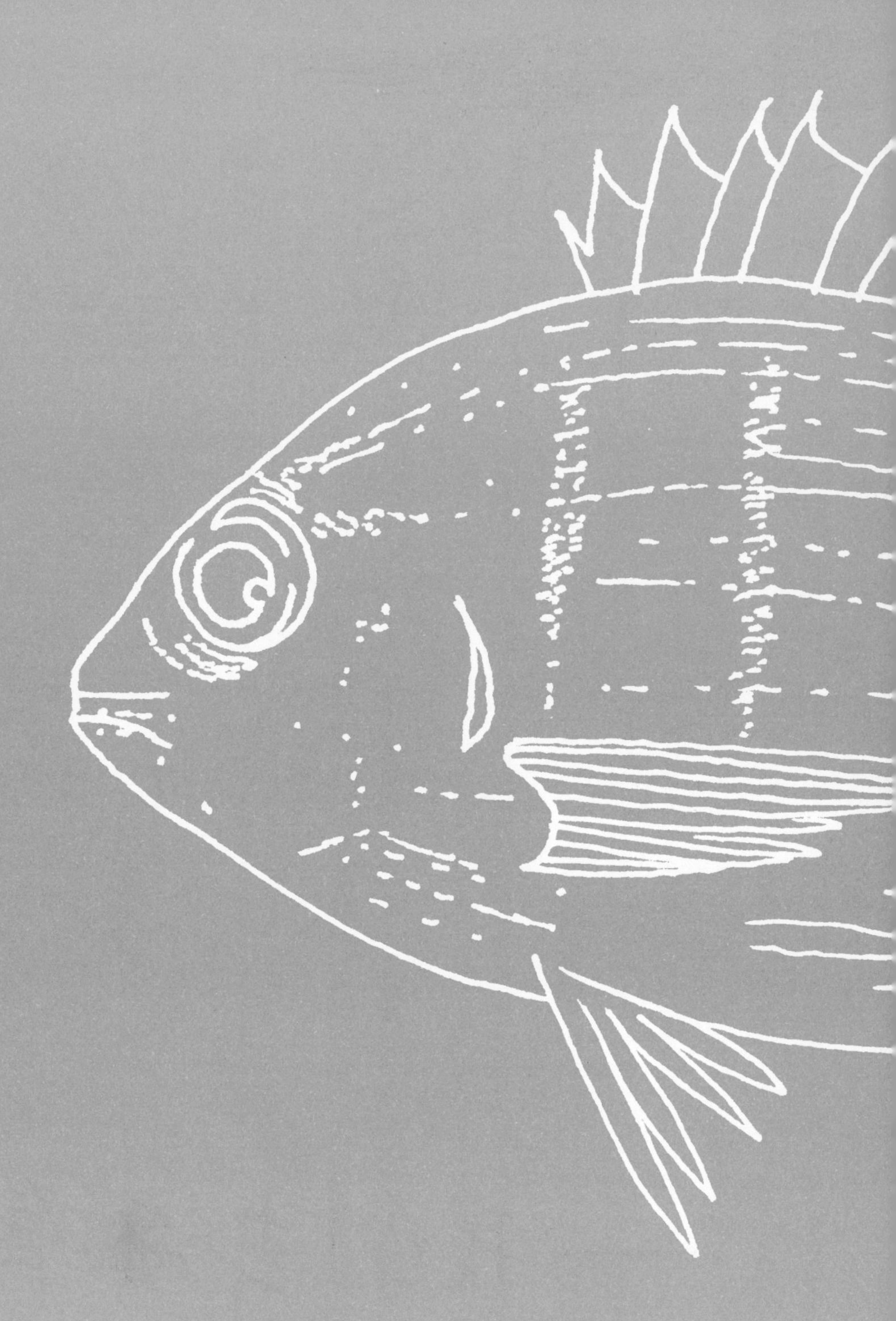

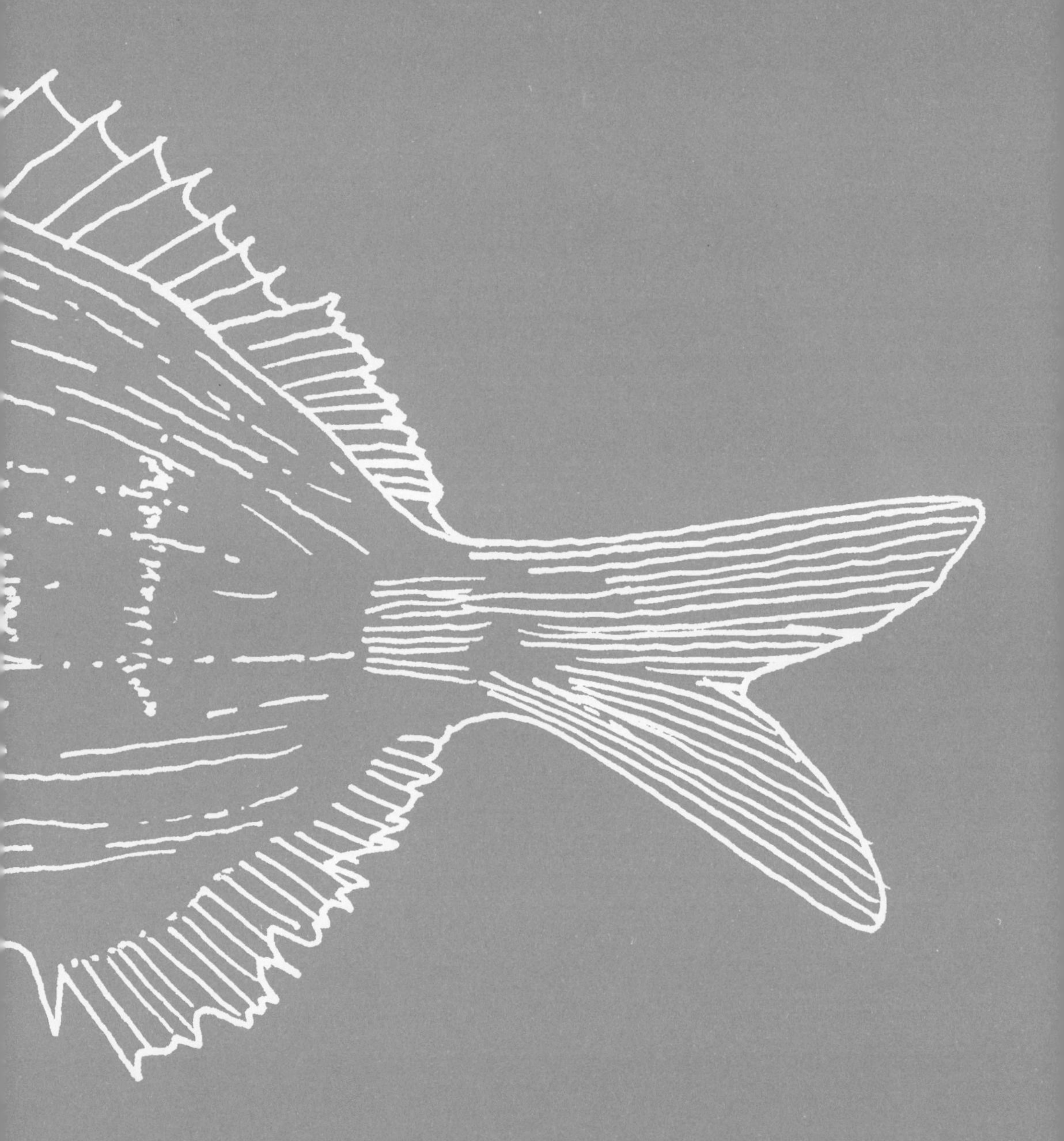

海滩是一个如此奇妙的地方，不仅因为它总是和轻松浪漫的假日联系在一起，还因为当双脚踩在沙滩上，阵阵海浪袭来，我们会感受到大自然的神奇。

那么，就请你脱去鞋子，和我们一起来到海滩吧，这里有无数的新鲜事物等着你去观察和学习呢。

一起潜水吧

河水是咸的，并且流入了大海……那么大海是什么味道的

河水流经岩石，会吸收岩石含有的矿物质。正是这些矿物质共同形成了盐分。

几百万年过去了，这点点滴滴的盐分被带进了大海，并在那里聚集储存起来。到了今天，如果你在海滩上不小心吞了一口水，那味道不会是别的，只能是：咸！

大海为什么是蓝色的

如果近距离看海水，比如说，掬一捧海水在掌中，你会看到它是透明的。那么，为什么离得远一些的话，大海就呈现出一片蔚蓝呢？

有人解释说，这是因为大海反射出天空的颜色，但实际上并非如此。大海呈现蓝色，是因为它反射的主要是蓝色光线，但是只有水量充足时才能观测到这个效果，所以，我们会发现海水深的地方水特别蓝。

而海面的蓝色深深浅浅，呈现出不同色调，那是由于云的影子、海水的深度和沉积物的不同而造成的。

为什么沙滩的宽度总不固定

有时候，有些沙滩显得特别宽，我们要走很久，才能走到海水处扎个猛子。这是因为潮汐的缘故：涨潮时，大海就淹没一部分沙滩；退潮时，海水的位置就下落了。

为什么会有潮汐

太阳和月亮对地球施加着一种看不见的力量，叫做万有引力。然而，由于月球距离我们要近得多，它要对潮汐负主要的责任。当地球转动的时候，月球的引力推动着海水。想一想，当你这边的海滩涨潮的时候，大洋另一边的海滩正在退潮。

潮汐是如何运行的

潮汐的涨落构成了一个循环：当潮水涨到最高点，立刻开始退潮；六个小时之后，就退到了最低点。接下来又是下一轮涨潮，又过了六个小时后，再一次涨到最高点。这是一个不断循环的过程。

大潮和小潮

如你所知，太阳也对地球施加着万有引力，但是因为它离我们太过遥远，这股力量感受起来没有月球的强烈。然而太阳的引力也还是有作用的。那么这是怎么实现的呢？

当太阳和月球处于同一条直线（即月亮处在满月或者新月状态时），日月的两股力量朝着一个共同的方向，这个时候海潮就涨得厉害，叫做大潮。

而每逢上弦月和下弦月，月球和太阳不在同一方向（与地球三者形成近似直角），它们各自朝自己的方向用力（因为距离的关系，月球的作用力要大些），潮汐因此会弱一些，称为小潮。

一年中潮汐的强弱也会有变化。接近昼夜平分点（三月春分和九月秋分）时，潮汐达到了一年中最活跃的阶段，接近至点（十二月冬至和六月夏至）时是潮汐最弱的时候。

波浪词典

在波浪的世界里，给每一种事物取个名字也是很重要的，这样我们可以“顾名思义”，从而了解它们的不同含义。

当我们听到“波向线”，就会明白这是指的在水底分开水波的“线”（图❶）；波浪的最低点叫做波谷（图❷）；波浪的最高点叫做波峰（图❸）；波峰与波谷之间的距离我们称之为波高（图❹），而相邻两个波峰或者波谷之间的距离我们叫做波长（图❺）。

波浪是怎样形成的

当风从大洋表面吹过，就会形成很小的波浪，使得海面看上去像是起了褶(zhě)皱。这些“褶皱”（图❻）加大了海洋表面的面积，使得风的更多能量传送到水中。如此这般，波浪也就聚集了更多的能量，涌得更高更强烈。

当风集中在某一处海面吹时，那里聚集的波浪会“失去秩序”。之后当它们离开这个区域，波浪又会“恢复秩序”。在海边，我们看到一层层极有规律地到达岸边的浪叫做涌浪（图❼），它们在抵达前已经旅行了很多千米——冲浪爱好者对这种浪可是情有独钟。葡萄牙的一些海岸不乏这种涌浪，比如在埃里塞拉，抵达那里的海浪是几百千米外的大西洋深处发生强烈风暴的结果。

潮水坑是怎么形成的

随着潮水退落，几分钟前还淹没在水面以下的一些沙滩和岩石就会浮现出来，这样就形成了潮间带。而海水储存在低洼处，就形成了大大小小的潮水坑，尤其是在岩石比较多的区域。

潮水坑会困住动物吗

会的，一些动物会被困在那里。尤其是那些喜欢抓紧岩石不太动的动物，比如贻贝、帽贝、海葵和海胆等；还有那些在陆地上行动不便的家伙，例如各类鱼虾。另外，也总有些胆大的家伙，它们冒着被人发现的危险，喜欢从一个坑到另一个坑串门，比如螃蟹和章鱼。

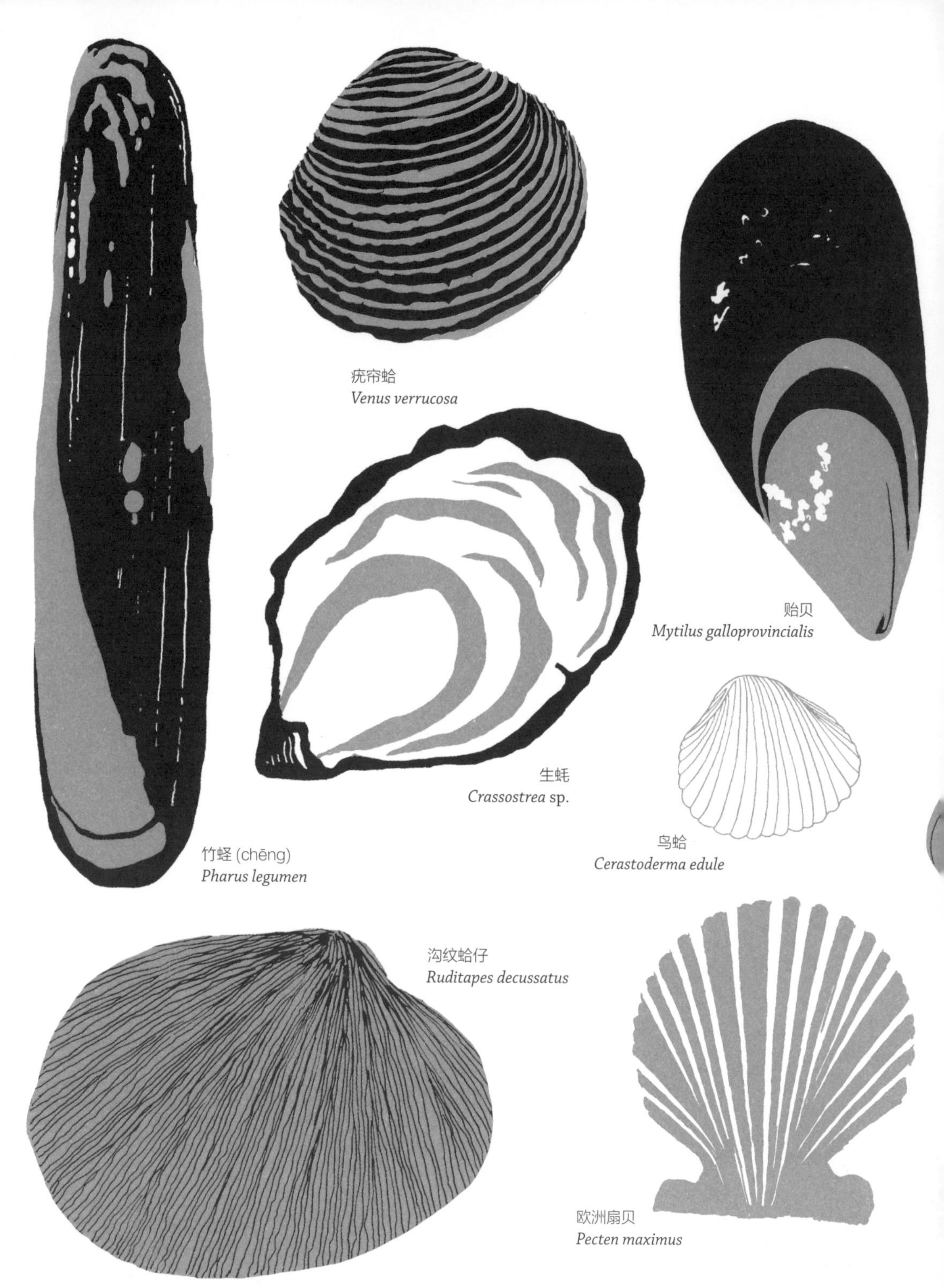
疣帘蛤
Venus verrucosa
贻贝
Mytilus galloprovincialis
生蚝
Crassostrea sp.
竹蛏 (chēng)
Pharus legumen
鸟蛤
Cerastoderma edule
沟纹蛤仔
Ruditapes decussatus
欧洲扇贝
Pecten maximus

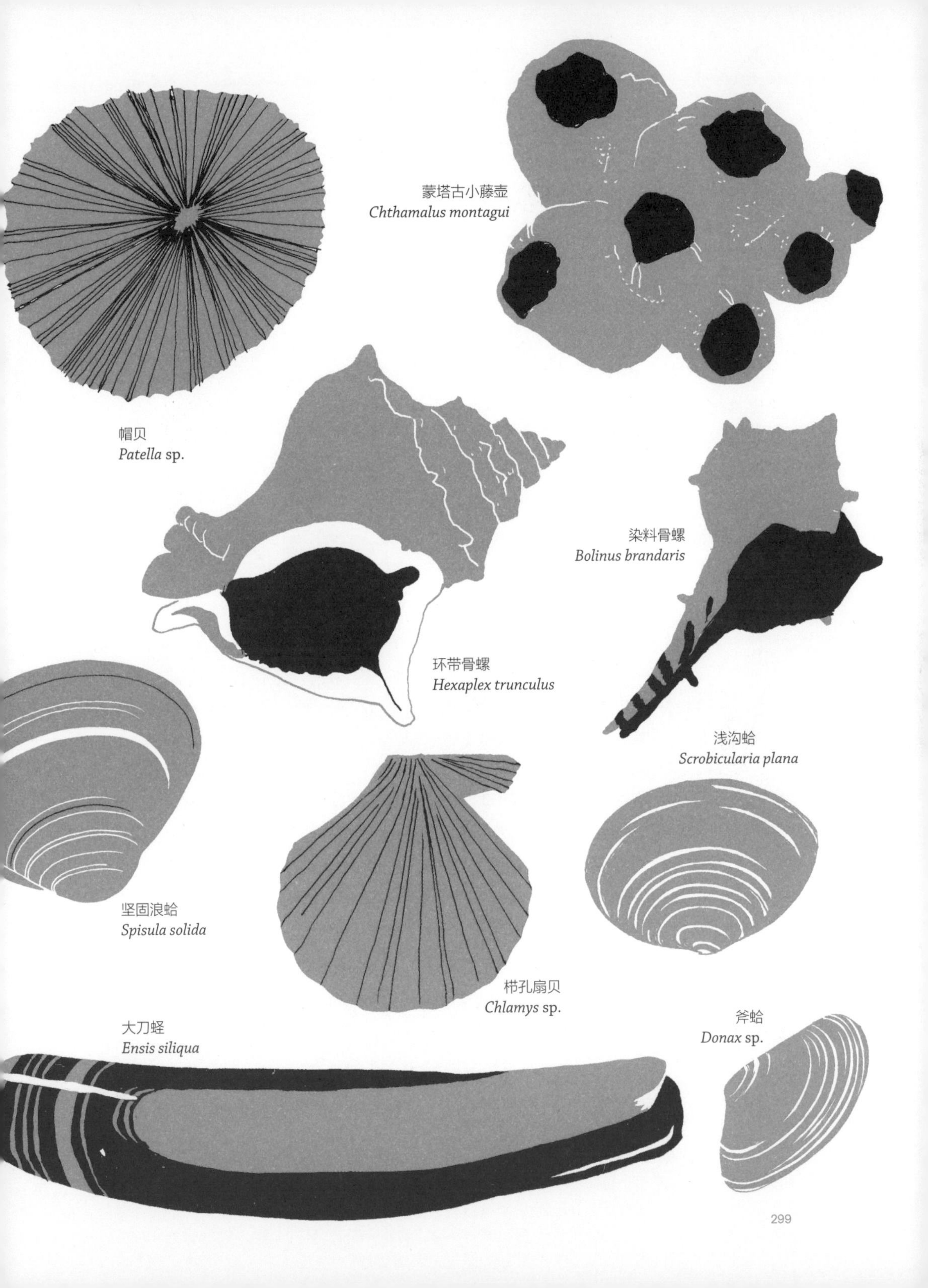
蒙塔古小藤壶
Chthamalus montagui
帽贝
Patella sp.
染料骨螺
Bolinus brandaris
环带骨螺
Hexaplex trunculus
浅沟蛤
Scrobicularia plana
坚固浪蛤
Spisula solida
栉孔扇贝
Chlamys sp.
大刀蛏
Ensis siliqua
斧蛤
Donax sp.

潮水坑里的动物不会吃掉彼此吗

任何一个生态系统里都有捕食者和被捕食者，潮水坑里也不例外。不过，就算是一个饿疯了的捕食者，也不会一下子把它看到的所有猎物都吃掉（就像你饿坏了的时候，也不可能把塞满食物的冰箱一扫而光）。并且，别忘了潮水坑只是暂时的，当潮水再次上涨，困在那里的动物就可以出来了。所以今天和明天，你在同一个潮水坑里看到的情形是不同的。

潮水坑里真的有星星

海星，它是在潮水坑的动物里当之无愧的明星。它们形态美丽、色泽鲜艳，而且不可思议的是，它们是潮水坑里的捕食者——也就是说，它们会吃掉其他的小动物，比如贻贝。海星还有一项特异功能，当它们失去一只“手臂”时，会在同样的地方再长出一只。但是你千万不要去拔断它们！因为它们的再生过程很缓慢，要花上几个月甚至几年的时间，而当少了一只“手臂”，海星的身体也变得虚弱，容易生病受伤。

潮水坑里的另外一个明星当属章鱼了。它们有八条腕足，可以爬到坑里任何一个角落去，从而方便捕食或者逃避捕食者的追击。章鱼还非常聪明，当它受到威胁时，会喷出墨汁来迷惑对手。

✳

我们去赶海

到海滩上研究潮水坑里的动物，生物学家把这项活动叫做赶海。虽然我们并不从事科研活动，但常常到海边的岩石处转一转，看一看潮水坑，也可以学到许多有趣的东西！

小提示

- 岩石上覆盖的海藻非常滑，一定要多加小心。千万不要划伤了脚，最好穿一双旧网球鞋（这样即使被海水浸湿你也不会心疼）。
- 记着带一个捕虾网兜，再拿一个水桶，装上些海水。然后你就可以对照着书上的图片来一一辨认你的捕捞收获了。
- 如果你恰巧捕到了一只章鱼，小心它会朝你喷墨汁！如果你恰巧捕到海星，千万不要伤害它的"手臂"哦。

钓螃蟹小窍门

- 潮水坑里的有些动物可以离开水很久，比如螃蟹。你可以试着钓一只螃蟹来观察。可以用一个捕虾网兜、一只水桶、一根竿、一个网和一些鱼饵（可以用一点鲐鱼或者沙丁鱼肉来做诱饵）。
- 在退潮的时候钓螃蟹。螃蟹喜欢藏身在潮水坑的暗处，你可以在海带（一种棕红色的海藻）和石块的下面多找找。
- 在一根竹竿或者长木棒的顶端放上你的网兜和诱饵。放诱饵的动作要慢，螃蟹咬诱饵后拉竿时也不要动作过猛！

注意：不用说你也一定知道，观察过这些小动物之后，要把它们都送回到原来呆着的潮水坑里。

祝你玩得开心！

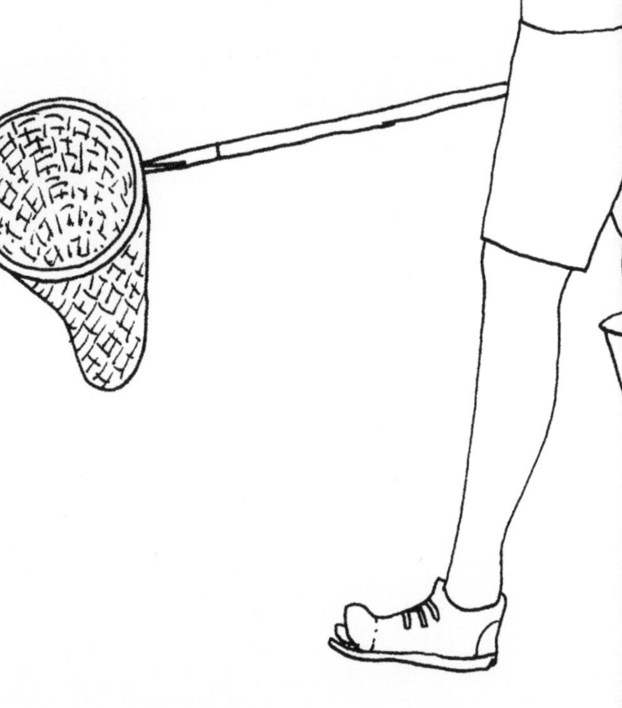

地平线之外是什么

站在海滩上举目远眺，大海一望无垠，似乎没有尽头。但实际上是有尽头的——海的尽头是另一块大陆。只是那块大陆太过遥远，有时要在地球上转大半个圈才能到，所以哪怕是用最先进的望远镜，你也望不到它。

在地平线的外面也有岛屿。葡萄牙最有名的群岛当属亚速尔和马德拉群岛了，此外还有大贝伦加岛、桃树岛和布日乌岛。

参观小岛

对于生物学家来说，岛屿是非常特别的地方。特别之处不仅在于岛上经常生活着其他地方没有的物种，还因为许多海洋动物会选择在海岛上进行繁殖，比如海豹和一些海鸟。当然，要想参观一处海鸟或海豹的聚居地并非易事，但也不是完全不可能的。参观小岛将是一段难以忘怀的旅程，小伙伴一起乘船绕着小岛去寻找各种动植物的踪迹，在途中你还有机会邂逅许多专属海洋的可爱动物，比如海龟、海豚，运气好的时候还能看到鲸鱼呢！

葡萄牙有一些岛屿特别适合游览，最佳登岛季节是在夏天。唯一有海豹聚居地的岛是马德拉岛上的德塞塔。这种海豹（地中海僧海豹，也被称作海狗）非常稀有，一度濒临灭绝。多亏了生态学家的努力，它们的数量正在增加。海鸟的聚居地就多了，许多岛屿上都有，比如马德拉群岛、亚速尔群岛和贝尔连卡斯岛（可以从佩尼谢前往）。在那里你会见到众多的黄脚海鸥（注意不要太靠近它们的鸟巢），也有一些猛鹱，如果你晚上在岛上过夜，就有可能听到它们的啼叫声。猛鹱经常在归巢的途中发出啼叫，它们的声音很特别，一定会引起你的注意的。

这片海水中生活着哪些动物

在一些海滩，人们平日戏水游泳的区域里会闯入危险的动物，幸好大多数普通的海滩没有这样的情况。在葡萄牙的海滩最糟的情形也就是踩到一条蛛鱼，或者碰到一只水母。而且幸运的是，这种情况也很少发生。如果我们潜水的话，周遭看到的大部分动物都是没有侵犯性的，而且数量庞大！举些不完全的例子，有颌针鱼、囊重牙鲷、叉牙鲷、大西洋鲭鱼、沙真银汉鱼等等。

✳ 潜水须知

用具：潜水镜、换气管、潜水脚蹼。

你在水中睁开过眼睛吗

如果你已经尝试过，会发现并不总是可以看到许多东西，并且过一小会儿眼睛会有刺痛感，这是因为海水里有盐分。

帮你更好享受潜水乐趣的小窍门

- 使用一副好的潜水镜，它可以帮你看到一个崭新的水下世界！
- 最好有一根呼吸管，这样你可以不用经常跑到水面来换气。
- 潜水脚蹼可以使你游得更快。你可以潜得远一点，就会看到许多鱼、海草、海葵、章鱼以及其他动物！
- 亚速尔和马德拉群岛的海水清澈透明，是最佳的潜水地之一。塞图巴尔附近的阿拉比迪海滩也很不错！

注意：千万不要独自潜水！

一定要在成年人的陪伴下潜水，并且保证在水下你们可以一直看到彼此。

不要试图捕捉你在水下看到的动物，它们有的会引起过敏，有的甚至会咬你。

所以潜水的一条金科玉律就是：尽情观赏，不要触碰！

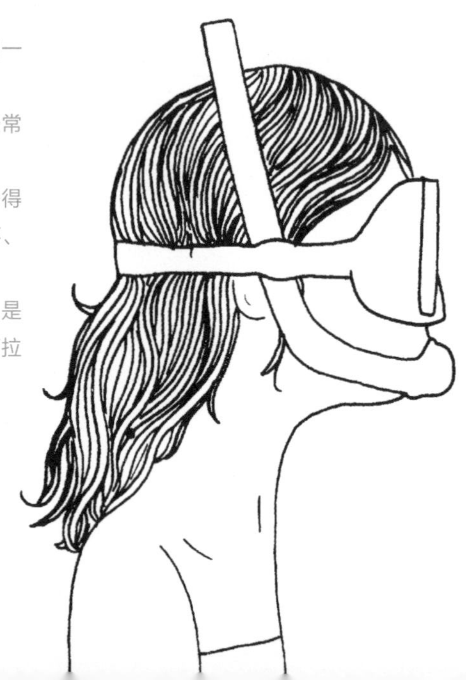

蛛鱼（小鲈鱼）
Echiichthys vipera
囊重牙鲷
Diplodus sargus
叉牙鲷
Sarpa salpa
颌针鱼
Belone belone
沙真银汉鱼
Atherina presbyter
大西洋鲭鱼
Scomber scombrus
海月水母
Aurelia aurita

海里的动物为什么不会闷死

和哺乳动物不同，大部分海洋动物不是用肺，而是用鳃来呼吸的。鳃可以吸入溶解在水中的氧气。和我们相反，这些海洋动物离开了水，就不能呼吸了，因为它们无法从空气中吸入维持生命所需的氧气。

海鸟也爱到海滩散步

海里的鸟类也对海滩情有独钟。它们去海滩可不是为了晒太阳，也不是为了潜水，而是去觅食的。退潮之后，在潮湿松软的海滩上或者大大小小的潮水坑里，会有许许多多的小牡蛎、蚯蚓、小虾和小螃蟹，它们可是不少鸟类的盛宴。这些海鸟都是这种海滩大餐的常客，比如三趾滨鹬(yù)、海斑鸠、灰斑鸻(héng)、中杓鹬。黑腹滨鹬比较罕见，当然也不会缺少了海鸥的身影。

夏天看不到的海鸟都到哪里去了

大部分鸟类都只在冬天造访海滩。春天一到，几乎所有的鸟类都动身飞往北部，也就是纬度更高的地区（参见鸟类一章有关“迁徙”的部分），只有在下一个秋季来临的时候，它们才悄然回归。

潮汐时出现的鸟类

在葡萄牙，喜欢在退潮时在海滩上觅食的鸟类大约有 30 种。涨潮时它们会飞到安全地带，避开寒冷、海风和天敌，直到潮水退去再返回。

这些鸟类中有的大家都非常熟悉，比如火烈鸟、小黑背鸥以及鹬。另外一些可能我们还比较陌生，但是它们同样美丽。河口（河流入海口）和河边也是观赏它们极佳的地点。例如特茹河口、萨杜河口、杜罗河口、米拉河口、瓜迪亚纳河口和蒙德古河口以及阿威罗河与佛尔摩萨河。友情提示：观赏海鸟的最佳时节是每年的 5 月和 9 月。

翻石鹬

火烈鸟
Phoenicopterus roseus
绿头鸭
Anas platyrhynchos
苍鹭 (lù)
Ardea cinerea
环颈鸻
Charadrius alexandrinus
红嘴鸥
Larus ridibundus
剑鸻
Charadrius hiaticula

普通鸬鹚 (lú cí)
Phalacrocorax carbo
反嘴鹬
Recurvirostra avosetta
中杓鹬
Numenius phaeopus
三趾滨鹬
Calidris alba
琵鹭
Platalea leucorodia
灰斑鸻
Pluvialis squatarola
深翅海鸥
Larus fuscus

星星、月亮、太阳与阴影

——接下来我们飞上天，

天外还有天

关于月亮和繁星，我们的疑问似乎是无穷无尽的，就像广阔的天空一样，无边无际。

科学家已经给出了一部分答案，但是对于另外一些问题，我们至今了解的只是一些可能性，甚至是不确定的。

我们知道，太阳下山时气温会下降一些，除此之外，还有什么“意外”在等着我们发现呢？

来，披上外套，倾听夜晚的声音，一起仰望那广袤（mào）的夜空。

我们的旅行开始啦

运转在太空中的“星星”叫做星球或天体，比如月球、太阳以及其他的恒星、行星、小行星等。因为距离的关系，人类目前了解最全面的是太阳系。我们的地球就位于太阳系中，它和其他 7 颗行星一起，围绕着太阳旋转。

❶ 水星 ❷ 金星 ❸ 地球 ❹ 火星 ❺ 木星
❻ 土星 ❼ 天王星 ❽ 海王星 ❾ 太阳

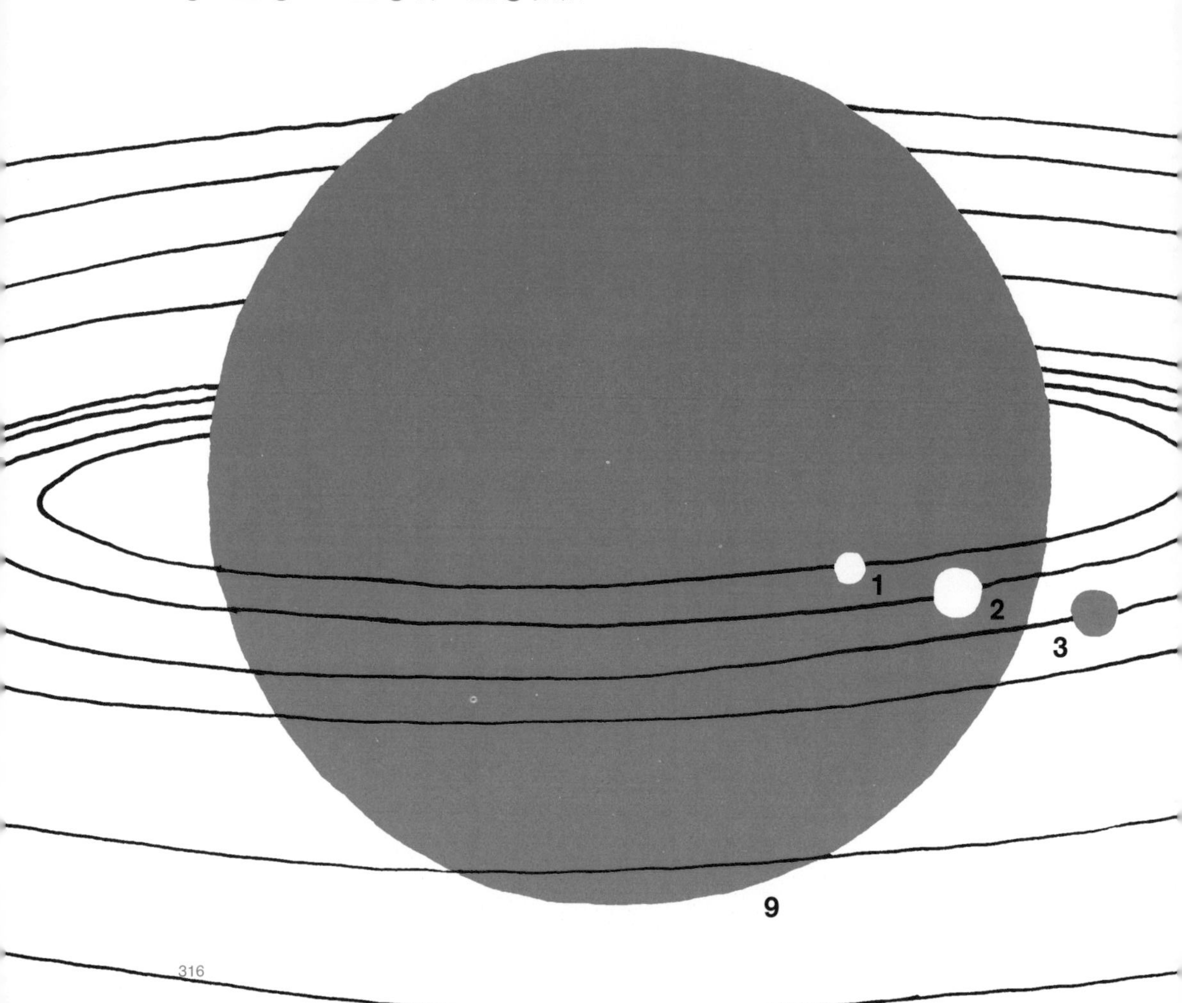

可以看见哪些行星

有些太阳系的行星，必须借助天文望远镜才能看到。但是另外一些用肉眼就可以观测，这是因为它们距离地球较近或者体积较大的缘故，比如水星、金星、火星、木星和土星。

水星和金星位于地球和太阳之间，所以我们用肉眼可以遥遥地望见，观测时间是在傍晚和清晨。金星是在黎明或傍晚时分看得最清楚的行星，所以也叫做晨星或者昏星。

想要学习在夜空中认识不同的星辰吗，请阅读本章中的“躺在夜幕下仰望星空”。

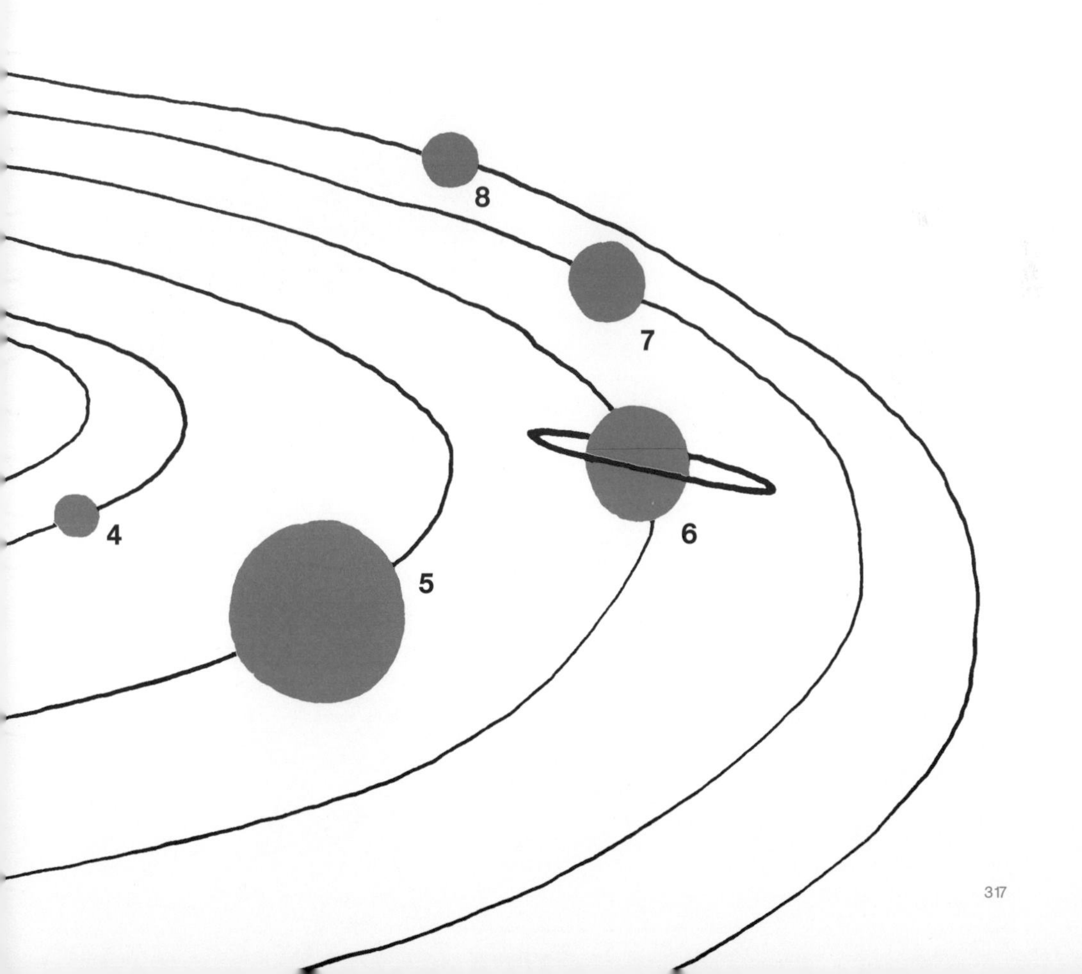

恒星是由什么做的

构成恒星的是最轻的物质——氢元素。

恒星的中心仿佛是一个巨大的火炉，氢元素在那里熊熊燃烧着，在恒星的整个生命里都是如此（生命？是的，恒星同样有生有死）。氢元素燃烧之后，会转变为另外一种稍微重一点的物质，然而还是很轻——叫做氦元素（对了，就是我们充到气球里的气体）。我们看到的恒星发出的光线就是来自这些燃烧的“大火炉”！

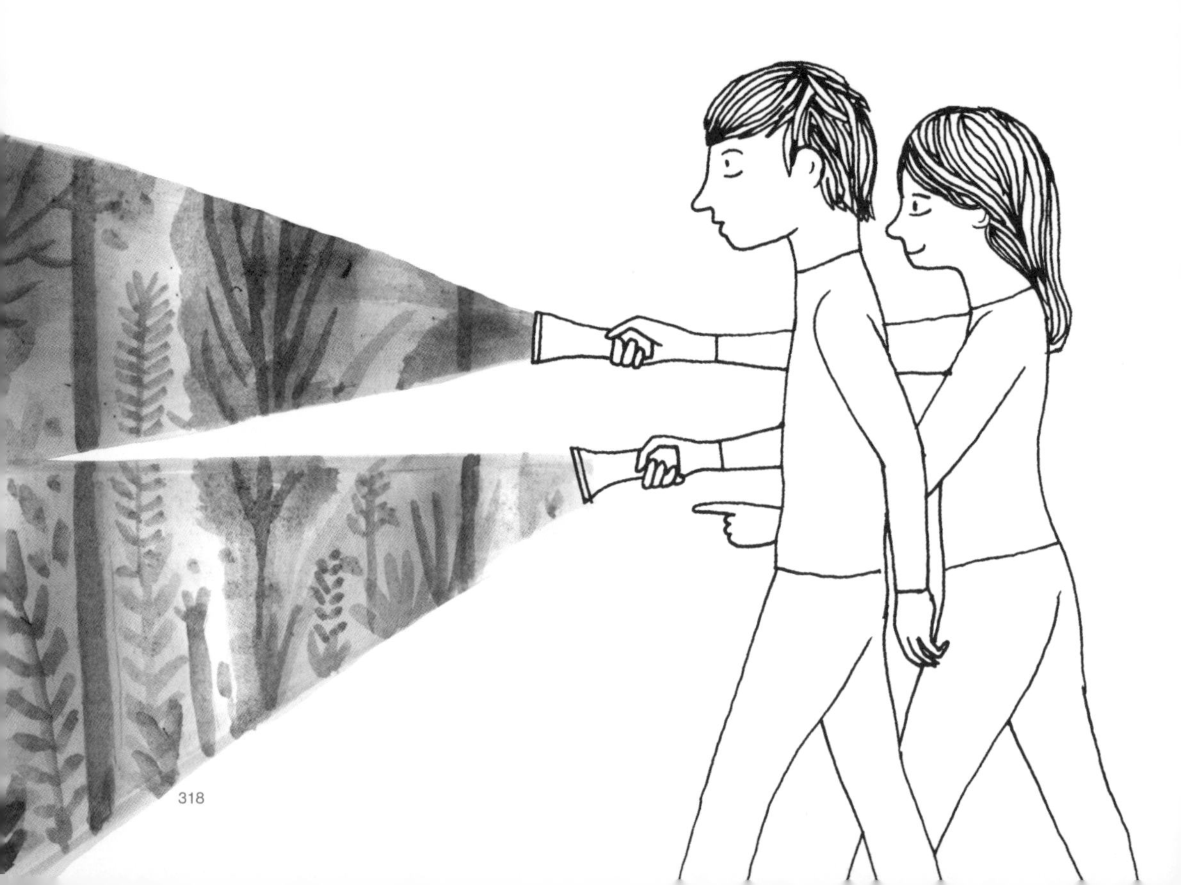

宇宙中有多少颗恒星

恒星可分为小型恒星、中型恒星（比如我们的太阳）和大型恒星，并且有不同的颜色：暗红色（温度最低）、白色和蓝色（最炽热）……科学家不知道它们确切的数量，但是知道它们多到不计其数——比地球所有的沙滩上所有的沙粒加起来还多。

为什么在白天看不到恒星

因为经过漫长的旅行，恒星的光线在到达地球时已经很微弱，而当太阳从地平线升起时，它的光芒就遮盖了所有其他星辰的光线，因此我们在白天就看不到闪烁的星空！但是它们一直在那里！

●●

打着手电筒散个步

带上一盏矿工灯（就是套在前额上的那种灯），或者拿一只普通的手电筒，就可以进行一番夜间探索了。

如果和你的兄弟姐妹或者是小伙伴一起出门，也可以互相手牵着手。

对一个小孩子来说，黑暗也许会有些吓人（不过也让人难忘哦）。

你可以仔细倾听一下，黑夜里都有些什么声响（如果害怕的话，可以聊天或者吹口哨）。

模仿一只猫头鹰或枭的叫声

可以听一下猫头鹰或者枭叫声的录音，然后在夜晚的田间模仿一下，看看会不会有鸟类回应你！

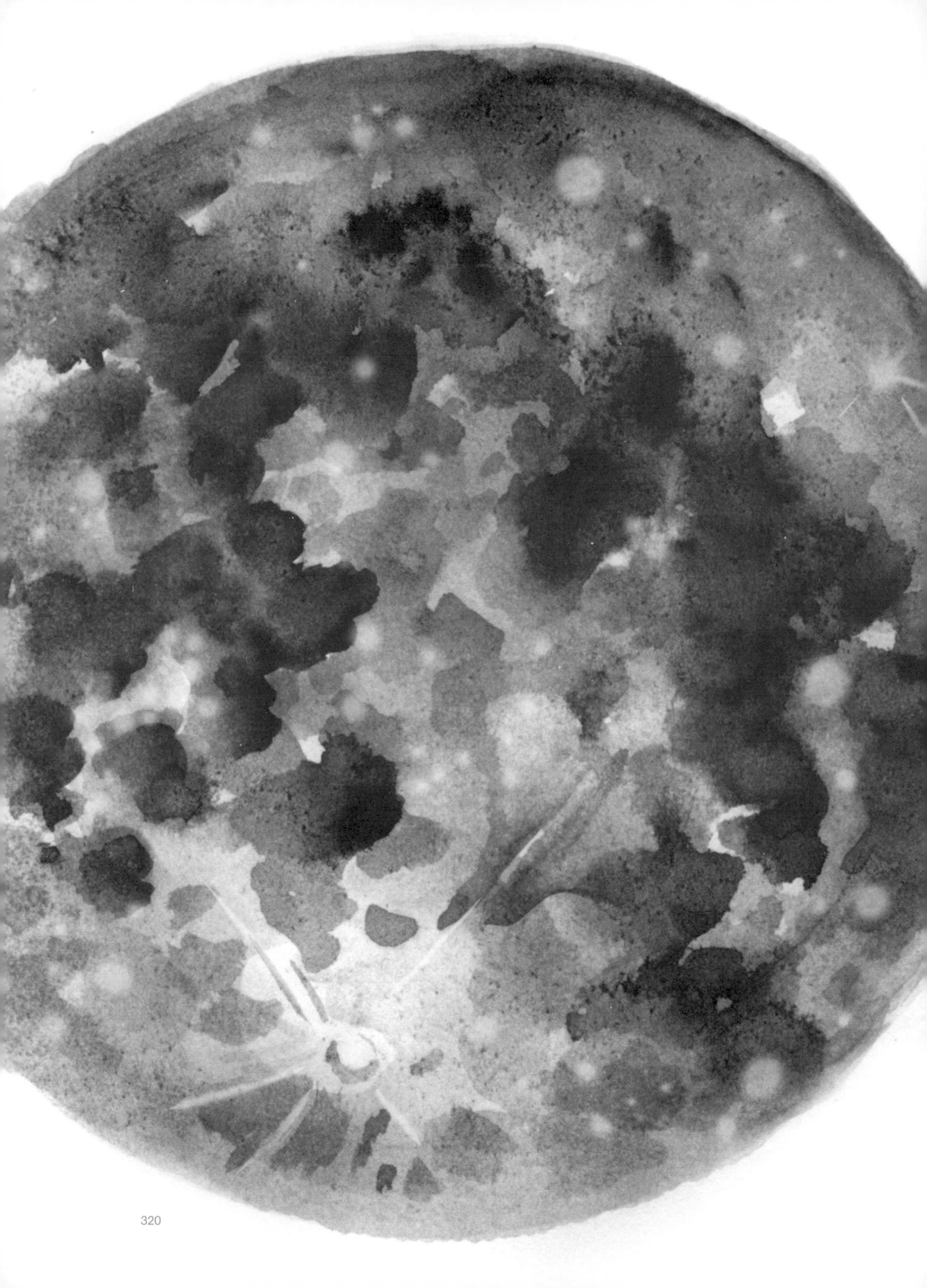

下一站：月球

月亮是一个球体，直径大约为3500千米，它是地球天然的卫星，也就是说，它自行围绕着我们的地球转动。

月亮是由什么构成的

月亮已经有几十亿岁了。和地球一样，它也主要是由岩石构成的，并且还可能是地球的"女儿"呢。也就是说，月球可能是由地球分裂出去的一块演化成的。

根据月球的构成，有一种假说是：几十亿年前，有一块体积巨大的物质撞击了地球，地球就分裂出了一些碎块。后来这些碎块附着在撞击地球的物质上，它们凝聚成一个新的天体，并开始围绕地球转动，这就是我们今天看到的月球。

月亮真的会发光吗

月球不是恒星，所以它并不会发光。实际上，我们看到的月光是月球表面反射的太阳光。

不是满月的时候，你试着仔细观察月亮表面（可以用望远镜来帮忙），可以看到没有被太阳照亮的暗色区域。

做一个月亮的小动画

用一沓纸可以做一个小动画，来演示月亮的运行。为了取得这个效果，必须要把月亮每个阶段的运转都画下来（就像以前制作动画片那样）。最后飞快地翻动纸页，就可以看到一切都动起来了：月亮围绕着地球转动，而地球也同时在转动。

注意：可以上网查一下月亮不同阶段的运转图片。

为什么有时候月亮会隐藏起来

有时候看不到月亮，因为它从来不会静静地停在那里供人欣赏——它不停地围绕地球转动，转一整圈需要耗时 27 天 7 小时。因此当月球围绕我们转动，我们每天看到的是它被太阳照亮的不同区域。有时候我们完全看不到月亮，是因为太阳照亮的恰好是月球转到后面去的那部分。

还有一件有趣的事情：月亮对着地球的总是同一面！这是因为它自转和公转的周期是相同的，也就是说，它自己转一圈和围绕地球转一圈所需的时间是一样的。

月亮转动的速度如何

月亮转动的速度非常快，大约为 3683 千米／小时。如果我们也以这个速度旅行，从葡萄牙出发，只需两个半小时就能到达中国了！你能想象吗？

月亮上有生命吗

没有。月亮上没有动物，不长植物，也没有别的任何生命，是一片不毛之地。不过迄今为止，我们也没有在地球以外的星球上找到过其他生命。

尽管月球上没有生命，但它对我们地球上的生命可是影响重大。每逢月圆时分，有的动物会更加活跃（它们要利用明亮的月光捕食）；另一些动物则只有在上下弦月的夜里才敢出洞，以避免被捕食的命运。在海滩上出生的小海龟会利用月光的指引爬回大海。也是因为月亮的引力，才有了潮涨潮落。另外，还有许多种动植物需要潮汐才能生长。

找一个晴朗的夜晚，你可以举头望月，并了解一下它现在处于运转的哪个阶段。如果你住在城市里，也许不能一下子就看到月亮。最好找到一个地方，没有高楼大厦的遮挡，可以望见开阔的夜空。如果夜空中浮现出朵朵云彩，就得另择吉日了。当天空万里无云时，月亮就更光亮夺目。

对比这张图，来确定月亮运行的周期。

满月

当月球与太阳运行到相反的方向，我们会看到皎洁的一轮满月，也就是月球整个都被太阳照亮了。

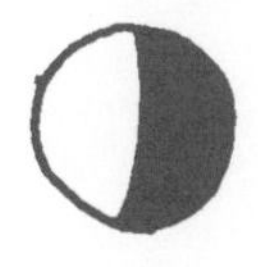

上弦月

指月球运行到新月与满月的中间阶段，呈 D 字形。

新月

当月球与太阳在同一方向，太阳只照亮了月亮背对我们的一面。这时候我们几乎看不到月亮。

下弦月

在这个阶段里，月球运行到满月与新月的中间位置，呈 C 字形。我们甚至会觉得月亮在生长，但是事实上并没有！所以我们也戏称月亮是个“说谎者”。

如果彻底看不到月亮，是否就是新月

不总是如此。也可能是因为月亮已经“下山”了。月亮和太阳一样，也有升起和降落的时间表，而这个时刻是根据月亮运行不同阶段而变化的。

- 满月升起在暮色将至之时，并在晨光乍现时降落，所以月亮整个晚上都挂在天空中。
- 新月升起在清晨来临，降落在傍晚时分，所以整个白天，空中可见月亮很淡的痕迹。
- 下弦月在子夜时分才升起，正午落下，而上弦月则与之相反。

躺在夜幕下仰望星空

找一个新月的晚上，躺在大地上观察一下夜空。

当你的眼睛习惯了黑暗，就会看到成百上千的恒星和若干行星。

恒星会闪烁，也就是说，它们的光线看上去不是固定的，似乎会闪动；而行星不会闪烁，似乎是静止的。如果你仔细观察，也许会看到有一些细小的光线缓慢地穿过天空，那是人造卫星。它们也围绕着地球运转，并且被广泛使用，比如在通信上。不要把它们和流星混淆，后者往往迅速地划过夜空，只停留短短的一瞬。流星虽然也有光亮，但并不是恒星，而只是流星体。如果你有幸见到，不要忘了许愿哦。

如果你想知道得更详细，带上一副望远镜，并且查询更多的资料吧。

有人已经登上过太阳吗

当然没有！不等靠近人就被太阳烧焦了——太阳表面的温度大约为 6000 摄氏度。太阳持续不断地发光，而太阳光需要 8 分钟才能到达地球。换言之，当我们看到太阳，落入眼中的是它 8 分钟之前的样子！太阳光为地球上的芸芸众生提供了源源不绝的生命能源。

为什么太阳每天都会升起又降落

太阳似乎会在天空中行走，周而复始地从东方升起，西方落下。但是实际上并非太阳在动，而是我们的地球在转动！

地球围绕太阳转动，同时也围绕着自己旋转（或者说边走边转，就像只陀螺那样）。地球旋转一周需要 24 小时，也就是整整一天的时间。这种运动叫做自转，它使得在一天的不同时刻，太阳的光线投射在地球的不同区域里。地球在它的轨道上围绕太阳旋转一周需要 365 天。

阳光真的是金色的吗

不是！阳光是白色的，因为它是构成彩虹的各色光线集合而成的（白色光是所有颜色的光混合而成的）。太阳看上去金光闪闪，这是因为不同颜色的光线到达我们眼睛的方式不同——蓝色光和紫色光停在了半路上，在地球的大气层发生了散射，因此我们看到天空一片湛蓝！到达我们眼睛的阳光混合了各种色光，唯独没有蓝色系，这样我们看到的就是金色光了。

为什么太阳似乎比其他恒星都大

事实上，太阳并不比别的恒星都大。我们可以说它是中等身材——许多恒星比它体积大很多，也有另外一些又比它小很多。

和我们在夜空中看到的其他星星相比，太阳看起来格外庞大，这是因为它距离地球比较近——1.5 亿千米，已经算是近邻了！听起来这个数字是不是很大？想象一下，葡萄牙从北到南差不多有 600 千米，而第二近的恒星（半人马座比邻星）距离地球有多远呢？ 40 万亿千米！

享受太阳

最后，我们来感受一下太阳的威力和美丽吧！

别错过日出和日落

日出和日落是自然界最壮丽的景色。

凌晨时分，找一个视野开阔的高处，面向东方，准备欣赏那瑰丽的晨曦吧。

相反，如果要欣赏夕阳没入地平线的美丽瞬间，就要找个面朝西方的开阔地点。

要得知不同城市里日出日落的具体时刻表，你可以上网查询。

画一幅夕阳西下的画

选择一个晴朗的日子，准备好画画所需的用品：颜料、画笔、画纸（或者画布）。太阳落山的时候开始作画，从你看到的色彩中吸取灵感，尽情挥洒吧。

让阳光描述你的身体

找一块白布或者一张大纸，把它固定在一个向阳的平面上。现在你站在太阳和你的白色道具之间，让你的影子落在上面。找一个朋友来画下你的影子，你可以摆出各种奇怪有趣的姿势哦。

剪出彩色的影子

用一些彩色的醋酸纸或者透明的彩纸来映出彩色的影子。试着把它们剪出不同的形状（如雨伞、喷壶等等）。

观察阳光的威力

太阳光是威力无穷的。找一块案板，在上面放上不同的材料或者不同材质的物品，例如木块、布、塑料、橡胶、水果等等。将案板放置在阳光下，观察一下 1 天之后它们的情形，以及 5 天、10 天、1 个月之后……

画出阳光和影子

在一棵光影斑驳的大树下，找到一块有光斑和影子的地方，拿一张白纸在地面移动，找到你认为最美丽的形状，再把它们画下来。

注意：千万不要用眼睛直接望向太阳，这会对你的眼睛造成伤害。如果要长时间暴露在阳光下，不要忘记使用太阳帽和防晒霜。

云朵、风

和雨水
——我们去淋雨吧

天空就是一个无边无际的大舞台，每天都有精彩奇妙的节目在轮番上演。云在那里游走变幻；雨从那里降落人间；风从那里吹来，有时是宜人的清风，有时是骇人的狂风。

抬头好好看看天空吧！

天空是由什么构成的

天空是从地球上能够看到的大气层或者宇宙空间的一部分。我们通常说云彩和星星都住在天上……

大气层是什么呢

大气层就是我们所说的空气。

空气是由多种气体构成的，主要是氮气（78%）和氧气（21%）。空气中还会有细微的水分、粉尘等等。

大气层为什么不逃逸到太空

大气的密度很低，可以一刻不停地上升到太空，然后 “烟消云散”。但是因为万有引力的作用，这样的事情不会发生，大气层和地面上的我们一样，被牢牢地“抓”住了。

地球的大气层有什么作用

大气层可以保护生物免遭太阳的辐射，并且使得地球的温度适中，帮助传输不同地区的水分，并且锁住我们维持生命必不可少的气体（比如氧气）。真是奇妙无比！

接近地面处的空气和高空一样多吗

越接近地球表面，空气的浓度就越高；相反，离地面越远，空气就越稀薄。也就是说，我们到达的地方越高，空气越少。所以当我们爬到高山之巅，会感觉到呼吸困难！

月球有大气层吗

月球是没有大气层的，因为它的引力太小了。太阳系里的一些其他行星也有自己的大气层。不过它们的大气层都不能和地球的相提并论！

天空在白天为什么是蓝色的

你已经知道，太阳发射出各种颜色的光线，所有的光线混合在一起，就组成了白光（因此我们说太阳光是白色的）。

在白天，大气层中的细小微粒更多地将蓝色光散射了出去，这种颜色到达了我们的眼睛，所以天空就呈现出美丽的蔚蓝色了。

试着看空气

在一个阳光明媚的下午，找一扇阳光能直接照进来的窗子，躺在窗户下的地板上，仔细观察照射进来的光线。等你的眼睛逐渐适应了光亮，你会看到空气中游离着一些细小的尘埃，而阳光会反射在这些微粒上。阳光使这些微粒变得可见，然而还有更多更细小的微粒飘浮在那里，不能为肉眼所见。

也就是说，你看到了一点点的空气……

彩虹——一种瑰丽的自然现象

当太阳光线穿过水滴，产生折射和反射现象，或者说，当水滴改变了光线的方向，就会出现彩虹。

为什么我们能看到阳光的不同颜色

我们已经知道，组成太阳光的，就是彩虹的所有颜色的光！

但是在普通的条件下，这些光线的集合就是白光。

然而当阳光穿过一颗水滴，这滴水就好像是一个能拆分颜色的机器，阳光就“散”开了，每种颜色都变得清晰可见。

会同时出现两条彩虹吗

是的，有时天上会出现两条彩虹。这种情况下，如果仔细观察，会看到在主要的彩虹之上，会出现一道稍微大一点、颜色浅一点的彩虹。这是因为水滴对阳光进行了双重反射。

如果观察得再细致些，你还会看到一个有趣的现象：这第二道彩虹的色彩排列正好和第一条相反呢。

应该站在什么位置

为了更好地观赏彩虹，太阳要在你的背后，而水滴（水汽）会出现在你望去的方向。

❋ 了解彩虹的颜色

牛顿是第一个分解出光的颜色的科学家，不过当时他只分解出了 5 种颜色。另外还有一些人只能看到彩虹有 6 种颜色……虽然如此，现在几乎所有人都公认彩虹有 7 种颜色，并且按照如下顺序（从拱形外围开始）排列：红、橙、黄、绿、青、蓝、紫。

瞧，多么美丽的雨层云

云是怎么形成的

天空中总有云朵在飘来飘去，它们是由无数细小的水滴或者冰晶凝结而成的。这些水滴极其细小，并且质量很轻，所以会飘浮在空气中，并不会坠落下来。当上亿个小水滴聚集在一起，云就可以被我们看到了。

科学家的密码

对云的分类方法诞生于1803年，是由一名英国的气象爱好者创造的。他叫卢克·霍华德，是一名制药学家。

1887年，另外两名科学家阿伯克龙比和希尔德布兰得逊发展了霍华德的理论。如今按照下面的高度标准来给云进行分类。

高云族
位置最高的云，垂直地面高度在6000米以上。
由冰晶凝结而成。
颗粒细小、洁白并且闪亮，预示着好天气。

中云族
位置在中等高度，垂直地面高度在2000—6000米。
通常有不同云层，呈灰色或者偏蓝色系。
会形成雨。

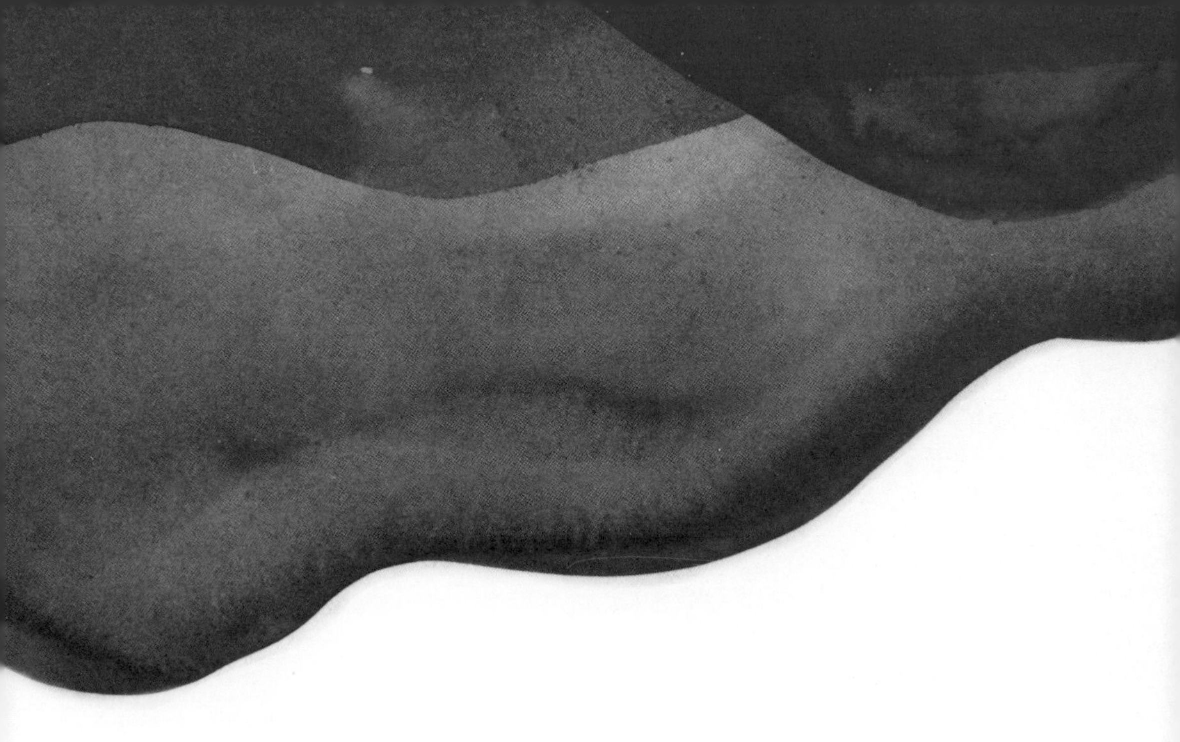

低云族

位置最低的云，垂直地面高度在 2000 米以下。
对飞行的影响较大。

直展云族

这种类型的云高在 200—3000 米。
它在垂直方向可以延展出 9000 米之长!
可以形成骤雨。

在这四大云族中我们又分出了 10 种云（见后页）。

云的名字是怎么来的

科学家是以拉丁语的单词组合来给云命名的。

- Stratus/Strato（层云）：意为“平、有分层”；
- Cumulus/Cumulo（积云）：意为“山峰，状如花菜”；
- Cirrus/Cirro（卷云）：意为 “薄、蜗牛状”；
- Alto（高层云）：意为“中等水平”；
- Nimbus/Nimbo（雨层云）：意为“带来雨的云”。

高云族

卷云（图❶）：是最为常见的高云，常呈丝状或片状，分散地飘浮在空中。

卷层云（图❷）：非常轻薄，可以透过日光和月光。

卷积云（图❸）：形状小而圆，看上去像粗绳子。经常在冬季出现，预示着晴朗而寒冷的天气。

中云族

高层云（图❹）：几乎覆盖了整个天空，在云层稍薄的地方可见阳光；就像一张白色的唱片。

高积云（图❺）：仿佛是“天上的羊群”。如果你在一个炎热潮湿的早上看到了它，那么下午就等着一场雷雨吧！

低云族

雨层云（图❻）：厚而暗的云。一看到它，人们就会说：要下雨啦！

层云（图❼）：就像轻雾一样，但是比雾距离地面高。有时会带来蒙蒙细雨。

层积云（图❽）：灰色的，并且看上去有蓬松感，很少会形成雨水。

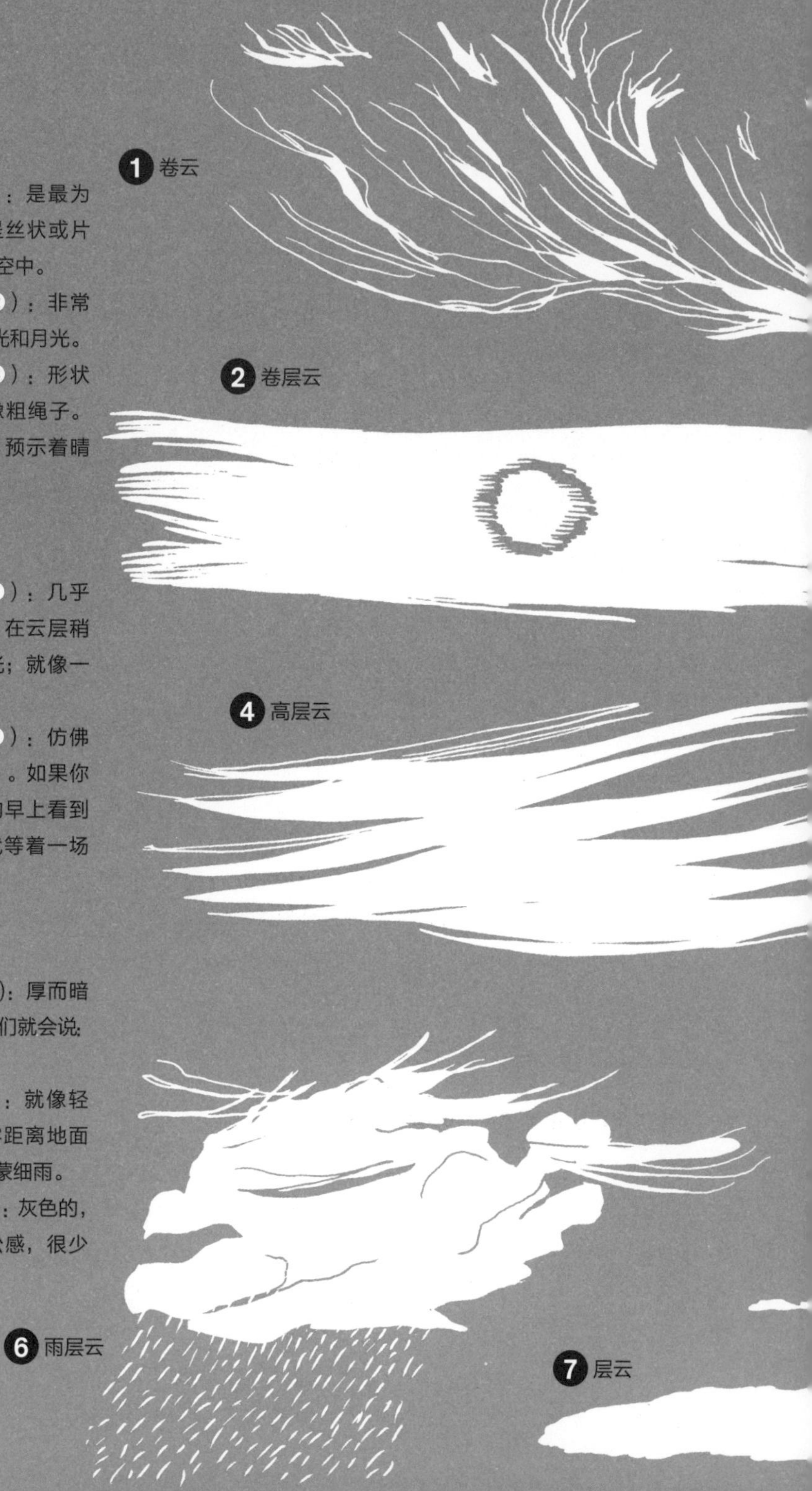

直展云族

积云（图⑨）：这种云的轮廓很清晰，底部是平的，上面是一朵朵圆形的云。看上去像是好天气的征兆，但是很容易就会“翻云覆雨”了……

积雨云(图⑩)：形态巨大，经常呈蘑菇形，是雷雨的先兆。

下雨啦

云是怎样形成的

众所周知，空气里蕴含着水分。但是空气中看不到的水分并不是液态水，而是以气体形态存在的水分，我们称之为水蒸气。

当挟带着水蒸气的空气上升，在高空中遇到寒冷的空气，就会凝结成数百万，乃至上千万颗小水滴停留在空中，这样就形成了云。这些小水滴一片连一片，越聚越多，云也就随之越来越大、越来越重，然后……砰！开始下雨啦！

云为什么会动

推着云在天空中游走的当然是风啦！

高空中的云会遇到巨大的强风，可以以 160 千米 / 小时的速度移动。

风是什么

风就是流动的空气。

风的形成主要是依靠太阳的能量。你知道为什么吗？

因为太阳光照射的缘故，在地球的不同区域，大气层的受热是不均匀的，会产生温度差和压力差。空气从压力高的地方往压力低的地方流动，就形成了风。

❇ 下雨天，做些什么好呢

下雨天不用没精打采！
下面列出了一些有趣的事情，有的需要你穿上雨衣和雨鞋去尝试一下哦。

画出风的形状

风可以看到吗？因人而异哦。

你会用一支钢笔或铅笔在纸上抓住它吗？试一下用不同的方法来表现风吧。

在纸上展开你的风之旅！

画出飞翔的动物

有太多的动物会飞：蝴蝶、蚊子、蜜蜂、鸟（甚至一些鱼）。如果愿意，也可以把自己画入它们乘风飞翔的行列哦。

让云赛跑

在天空中挑选一朵你喜欢的云，让它代表你出战，让小伙伴也每人挑选一朵自己的云。现在风来啦，云朵在空中开始奔跑，看看谁能赢得比赛！

跳进小水洼里踩水花

当然，如果是个大水坑，就算了吧……

还要穿对鞋子哦。

现在你就可以踩到水里。“噗踏！”“噗踏！”“噗踏！”……直到有个大人来喊你：“够了！”……

你也可以试着往水洼里丢几颗小石子。（记着不是大石块，OK！）

建一支纸船舰队

如果有许多雨水顺着街道流淌，可以趁机让它们带走你的小纸船。

可以使用旧杂志里的纸张，越挺括光洁越好，然后看着你的舰队顺流而下……

做一桶“雨汤”

放一个水桶在外面，等接满了雨水，就放进去树叶、石子、落花、种子……你能捡到的所有东西。再用一根长棍搅拌一下，一桶“雨汤”就做好了。

怎么把雨水变成彩色的

把纸涂上不同的颜色（可以用不同的染色材料：水彩笔、彩色铅笔、水彩颜料等等），然后把纸放到雨里（可以在阳台上、花园里、院子里），观察一下接下来发生的情形。也可以用颜料画一幅画，然后让雨滴落在上面。

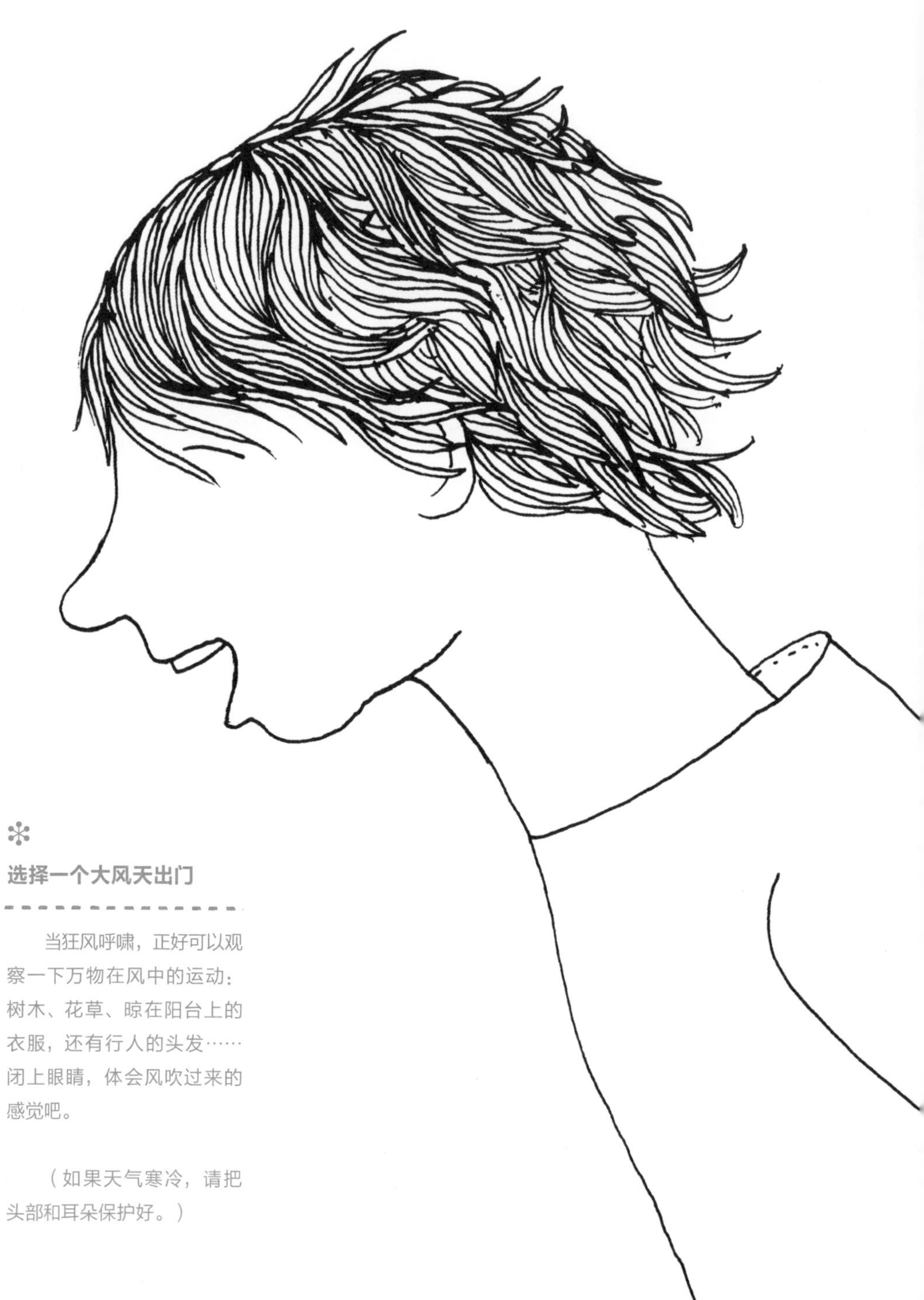

选择一个大风天出门

当狂风呼啸，正好可以观察一下万物在风中的运动：树木、花草、晾在阳台上的衣服，还有行人的头发……闭上眼睛，体会风吹过来的感觉吧。

（如果天气寒冷，请把头部和耳朵保护好。）

你可能需要知道的术语

A （按原文字母顺序排列）

天文学

研究天体的结构、形态、分布、运行和演化等的学科，一般分为天体测量学、天体力学、天体物理学和射电天文学等。天文学在实际生活中应用很广，如授时、编制历法、测定方位等。

大气层

地球外面包围的气体层。按物理性质的不同，通常分为对流层、平流层、中间层、热层和外溢层等层次。也叫大气圈。

B

生物多样性

指地球上的所有植物、动物、真菌、微生物及它们的变异体，以及这些生物和环境构成的生态系统和它们形成的生态过程。包括遗传（基因）多样性、物种多样性和生态系统多样性三个层次。既是生物之间及其环境之间复杂的相互关系的体现，也是生物资源丰富多彩的标志；既是自然生态平衡规律的科学概括，也是人类生存和延续的基础，具有不可估量的价值。保护生物多样性，应在基因、物种及生态系统三方面加以保护。

植物学

生物学的一个分支，研究植物的构造、生长和生活机能的规律，植物的分类、进化、传播以及植物与外界环境之间的关系，植物资源的保护与合理开发利用等。

鳃

某些水生动物的呼吸器官，多为羽毛状、板状或丝状，用来吸取溶解在水中的氧。

C

花萼

花的组成部分之一，由若干萼片组成，包在花瓣外面，花开时托着花冠。

形成层

植物体中的一种组织，细胞排列紧密，

有不断分裂增殖的能力。形成层的细胞陆续分化而形成韧皮部和木质部，并使茎或根不断变粗。

肉食动物

以肉类为食物的动物。

茧

某些昆虫的幼虫在变成蛹之前吐丝做成的壳，通常是白色或黄色的。蚕茧是缫丝的原料。

细胞

生物体结构和功能的基本单位，形状多种多样，主要由细胞核、细胞质、细胞膜等构成。植物的细胞膜外面还有细胞壁。细胞有运动、营养和繁殖等功能。

液化

气体因温度降低或压力增加而变成液体。

交配

雌雄动物发生性的行为；植物的雌雄生殖细胞相结合。

花冠

花的组成部分之一，由若干花瓣组成。双子叶植物的花冠一般可分为合瓣花冠和离瓣花冠两大类。

D

排泄物

生物排出体外的新陈代谢产生的废物。

雌雄异株

雄花和雌花分别生在两个植株上，如大麻、银杏等就是雌雄异株的。

生态学

生物学的一个分支，研究生物之间及生物与非生物环境之间的相互关系。

生态环境

生物和影响生物生存与发展的一切外界条件的总和。由许多生态因素综合而成，其中非生物因素有光、温度、水分、大气、土壤和无机盐类等，生物因素有植物、动物、微生物等。在自然界，生态因素相互联系，相互影响，共同对生物发生作用。

变温动物

没有固定体温的动物，体温随外界气温的高低而改变，如蛇、蛙、鱼等。俗称冷血动物。

呕吐物

膈、腹部肌肉突然收缩，胃内食物被压迫经食管、口腔而排出体外的物质。

恒温动物

能自动调节体温，在外界温度变化的情况下，能保持体温相对稳定的动物，如鸟类和哺乳类。也叫温血动物。

昆虫学

研究昆虫的形态、构造、分类、生理、

生态、病理、毒理、遗传及其生长繁殖等生命活动规律，从而控制有害昆虫，发展及利用有益昆虫的学科。

物种
生物分类的基本单位，不同物种的生物在生态和形态上具有不同特点。物种是由共同的祖先演变发展而来的，也是生物继续进化的基础。一般条件下，一个物种的个体不和其他物种中的个体交配，即使交配也不易产生出有生殖能力的后代。

外来物种
从自然分布区以外引进的物种。

易危物种
面临消亡危险的物种。是区分物种濒危程度的 8 个级别之一。另外的 7 个级别是：灭绝、野生灭绝、极危、濒危、低危、数据缺乏、未评估。根据这些标准，被认定濒危的物种将列入“葡萄牙濒危动物红色名录”。这些标准是国际通用的，登载在IUCN（世界自然保护联盟）的红色名录中。

精子
人和动植物的雄性生殖细胞，能运动，与卵结合而产生第二代。

雄蕊
花的主要部分之一，一般由花丝和花药构成。雄蕊成熟后，花药裂开，散出花粉。

夏眠
某些动物（如非洲肺鱼、沙蜥等）在炎热和干旱季节休眠，也叫夏蛰。

进化
事物由简单到复杂，由低级到高级逐渐发展变化。

外骨骼
昆虫、虾、蟹等动物露在身体表面的骨骼。

灭绝
完全灭亡。

繁殖
生物产生新的个体，以传代。

韧皮部
植物学上指茎的组成部分之一，由筛管和韧皮纤维等构成，可以输导有机养料。

化石
古代生物的遗体、遗物或遗迹埋藏在地下变成跟石头一样的东西。研究化石可以了解生物的演化并能帮助确定地层的年代。

光合作用
光化学反应的一类，如绿色植物的叶绿素在光的照射下把水和二氧化碳合成有机物质并放出氧气的工程。

G

地球物理学
地球科学的一个分支，研究地球系统（大气圈、水圈、岩石圈、生物圈和日地空间）物理方面的科学。

雌蕊
花的重要部分之一，一般生在花的中央，下部膨大部分是子房，发育成果实；子房中有胚珠，受精后发育成种子；中部细长的叫花柱，花柱上端叫柱头。

蝌蚪
蛙、蟾蜍和鲵、蝾螈等两栖动物的幼体，黑色，椭圆形，像小鱼，有鳃和尾巴。生活在水中，用尾巴运动，逐渐发育生出四肢。蛙、蟾蜍的蝌蚪在发育中尾巴逐渐变短而消失。

腺
生物体内能分泌某些化学物质的组织，由腺细胞组成，如人体内的汗腺和唾液腺，花的蜜腺。

毒腺
动物体内分泌毒素的腺。

GPS
即全球定位系统。通过导航卫星对地球上任何地点的用户进行定位并报时的系统。由导航卫星、地面台站和用户定位设备组成。用于军事，也用于其他领域。

H

植食动物
以植物为食物的动物。

雌雄同体
精巢和卵巢生在同一动物体内，如蚯蚓就是雌雄同体的。

冬眠
某些动物（如蛙、龟、蛇、蝙蝠、刺猬等）在寒冷的冬季休眠。也叫冬蛰。

激素
人和动物的内分泌器官或组织直接分泌到血液中去的对身体有特殊效应的物质。

I

鱼类学
研究鱼类的分类、形态、生理、生态、系统发育和地理分布等的学科。

花序
许多花集生于花轴上形成一定的次序。根据花轴分枝形式和开花顺序可分无限花序（如总状花序）和有限花序（如聚伞花序）。

食虫目
真兽亚纲中最原始的类群。通常以虫类为食，故名。

J

侏罗纪

中生代的第二个纪，开始于2.051亿年前，结束于1.42亿年前。

L

幼体 / 幼虫

一般泛指由卵孵化出来的幼体，但习惯上仅指完全变态类昆虫的幼体。

M

软体动物

亦称“贝类”。动物界的一个大门。身体柔软，不分节，左右对称，或因胚胎发育中扭转、盘卷而不对称；身体分头、足、内脏囊、外套膜和贝壳五部分，但随种类不同而变化很大。

哺乳纲

脊椎动物亚门中最高等的一纲。体一般分头、颈、躯干、尾和四肢五部分。体腔以膈分为胸腔和腹腔。体表一般有毛。脑高度分化，体积大，大脑皮层特别发达。齿有门齿、犬齿、前臼齿和臼齿的区别，有的齿退化。体温多较恒定；心脏分两心耳和两心室；红细胞圆盘状，无细胞核。除单孔目外，均为胎生；都以乳汁哺育幼崽，故名。

气象学

研究大气现象的科学。主要研究大气各种物理、化学的性质、现象及其变化过程，以揭示其发生发展本质和规律，以满足人类社会的需要。

拟态

某些动物在进化过程中形成的外表或色泽斑纹等同其他生物或非生物相似的形态。在昆虫最为常见。拟态具有保护作用。

雌雄同株

雄花和雌花生在同一植株上，如玉米就是雌雄同株的。

N

花蜜

花朵分泌出来的甜汁，能引诱蜂蝶等昆虫来传播花粉。

蛹

完全变态的昆虫由幼虫过渡到成虫的中间阶段的形态。

O

颅顶眼

原始脊椎动物的第三只眼。见于古代的某些鱼类、两栖类和爬行类，现存的脊椎动物仅圆口类和楔齿蜥等仍保留颅顶眼。

杂食动物

以各种动物植物为食物的动物。

鸟类学

动物学的分支学科。研究内容包括鸟类的形态、分类、解剖、生理、发生、进化、生态、分布及其同人类经济活动关系等。

卵生

动物由脱离母体的卵孵化出来，这种生殖方式叫做卵生。卵生动物胚胎发育全靠卵中的营养。

卵胎生

某些动物（如鲨），卵在母体内孵化，母体不产卵而产出幼小的动物。这种生殖方式叫做卵胎生。卵胎生动物胚胎发育仍靠卵自身的营养。

卵子

动植物的雌性生殖细胞，与精子结合后产生第二代。

P

常绿植物

无明显落叶期和休眠期，叶片寿命长，终年保持常绿的一类植物。

花粉

花药里的粉粒，多是黄色的，也有青色或黑色的。每个粉粒里都有一个生殖细胞。

传粉

雄蕊花药里的花粉借风或昆虫等做媒介，传到雌蕊的柱头上或胚珠上，是子房形成果实的必要条件。可分为自花传粉和异花传粉两种。

（生物）种群

指生活在同一环境、属于同一物种的一群生物体。

R

生殖

生物产生幼小的个体以繁殖后代。分有性生殖和无性生殖两种。生殖是生命的基本特征之一。

S

声囊

大多数无尾目两栖类雄体咽喉部两侧，由咽壁扩展形成的囊状结构。能对鸣声起共鸣器的作用。一般成对，各有一圆形或长裂形的声囊孔与口咽腔相通。声囊孔多位于舌两侧的口角部。少数种类只有一个，位于咽下。在外部能看到的称为“外声囊”，否则称为“内声囊”。声囊的有无、数目及其位置等，为鉴定种的依据之一。

木栓

植物茎和根加粗生长后处于体表的保护组织。由辐射排列的扁平细胞组成。成长的木栓细胞，其细胞壁富含木栓质，失去原生质体，细胞腔内往往有树脂、鞣质等化合物存在，或充满空气，因而木栓往往有色泽，质地轻，不透水，富有弹性，且为电、热、声的不良导体。工业上用木栓主要取自栓皮栎等植物。

亚种

生物分类上种以下的分类单位，用于种内在某些形态特征、地理分布等方面有差异的群体。

耳鼓

鼓膜。

毒素

某些机体内产生的有毒物质，如蓖麻种子中含的毒素，毒蛇的毒腺中所含的毒素等。有些毒素毒性很强，进入人和动物机体能使其死亡。

胎生

人或某些动物的幼体在母体内发育到一定阶段后才脱离母体，这种生殖方式叫作胎生。胎生动物的胚胎发育依赖母体的营养。

X

木质部

茎的最坚硬的部分，由长形的木质细胞构成。木质部很发达的茎就是通常用作木材的树干。

动物学

生物学的一个分支，研究动物的形态、生理、生态、分类、分布、进化及其与人类的关系。

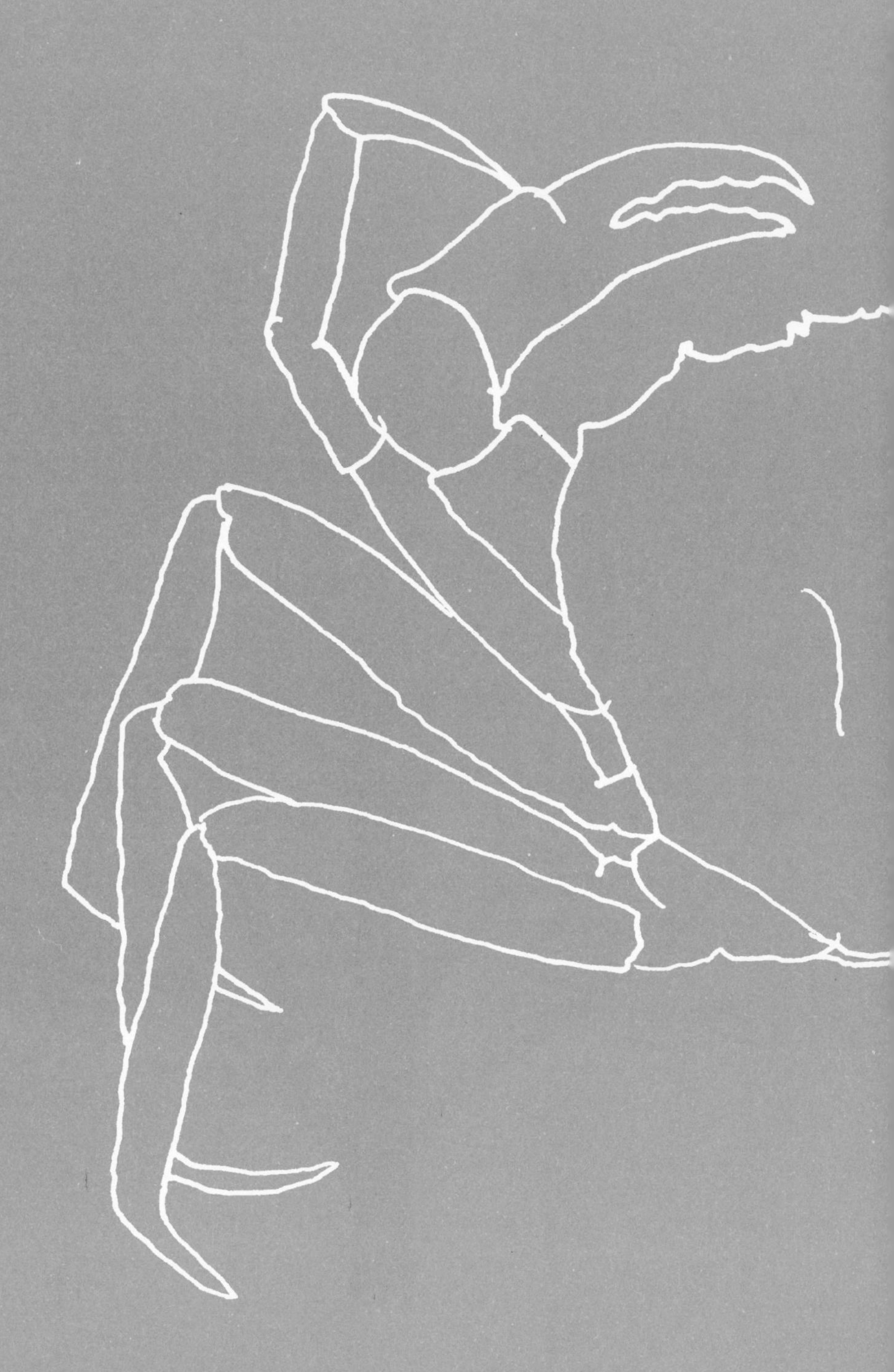

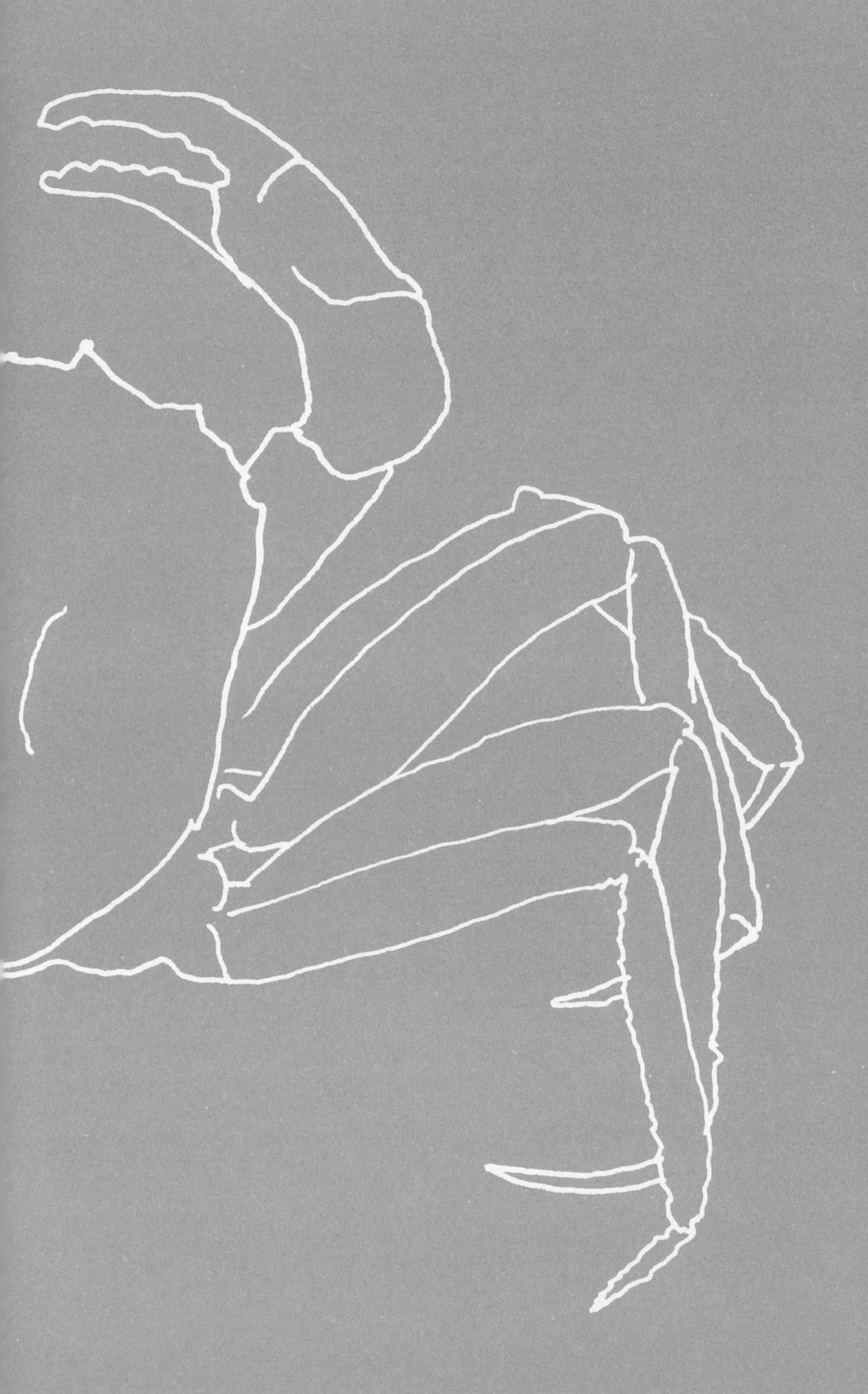

特别鸣谢

译者

张晓非：北京外国语大学葡萄牙语专业副教授。在北京外国语大学及澳门大学任教 20 年，硕士生导师。

审读专家

刘夙：中国科学院植物研究所博士，科普作家，现任上海辰山植物园工程师，《植物知道生命的答案》译者。

黄元骏：国际动物学会、国际生物地理学会、中国动物学会会员。毕业于广州大学生命科学学院，现为中国科学院动物研究所硕士生。主要研究动物地理、生态、进化与关注濒危动物保护。

冉浩：物种网站长、科学松鼠会成员、北京市科普作协会员，著有《蚂蚁之美》。

郭亦城：中国国家地理《博物》杂志制作总监。

赵军红：中国科学院地球化学研究所矿床地球化学博士，香港大学地球科学岩石地球化学博士，现任中国地质大学（武汉）岩石与矿物学教授。

陈冬妮：国际天文学联合会（IAU）会员，中国天文学会会员，北京天文学会副理事长，北京天文馆副馆长。

如果你想了解更多的话……

有一些机构在做大自然的研究和保护工作。你可以访问它们的网站以了解更多。

ICNF 自然及森林保护学院
- www.icnf.pt

LPN 保护自然联盟
- www.lpn.pt

SPEA 葡萄牙鸟类研究会
- www.spea.pt

Quercus 国家自然保护协会
- www.quercus.pt

FAPAS 野生动物保护基金
- www.fapas.pt

Geota 环境与土地规划研究小组
- www.geota.pt

村庄协会
- www.aldeia.org

ATN 迁徙与自然协会
- www.atnatureza.org

葡萄牙植物研究会
- www.spbotanica.pt

葡萄牙天文学爱好者协会
- www.apaaweb.com

BioDiversity4ALL："大家的生物多样性"，葡萄牙
- www.biodiversity4all.org

葡萄牙地质研究会
- www.socgeol.org

葡萄牙气象学与地球物理协会
- www.apmg.pt

狼小组
- Lobo.fc.ul.pt

亚速尔地理公园
- www.azoresgeopark.com

阿罗卡地理公园
- www.geoparquearouca.com

那图特茹地理公园
- www.naturtejo.com

蚁网
http://www.ants-china.com

物种网
http://www.sppchina.com

鸟类网
http://niaolei.org.cn/

中国野鸟图库
http://www.cnbird.org.cn/

中国昆虫爱好者
http://www.insect-fans.com/

中国数字植物标本馆
http://www.cvh.org.cn/

中国植物图像库
http://www.plantphoto.cn/

当环境受到威胁时，我们可以联系的机构
- 火警：119
- 森林火警：12119